U0274350

航天科技图书出版基金资助出版

空间机械臂动力学与控制

潘 博 于登云 危清清 刘 鑫 著

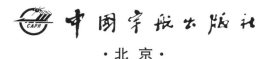

中国宇航出版社

·北京·

图书在版编目（ＣＩＰ）数据

空间机械臂动力学与控制 / 潘博等著 . -- 北京 ：
中国宇航出版社，2022.10
　ISBN 978 - 7 - 5159 - 2127 - 3

　Ⅰ.①空… 　Ⅱ.①潘… 　Ⅲ.①空间机械臂－机械动力
学－研究②空间机械臂－控制－研究 　Ⅳ.①TP241

中国版本图书馆 CIP 数据核字（2022）第 183201 号

责任编辑　侯丽平　　　**封面设计**　王晓武

出　版 发　行	**中国宇航出版社**		
社　址	北京市阜成路 8 号　**邮　编**　100830	**版　次**	2022 年 10 月第 1 版
	（010）68768548		2022 年 10 月第 1 次印刷
网　址	www.caphbook.com	**规　格**	787×1092
经　销	新华书店	**开　本**	1/16
发行部	（010）68767386　　（010）68371900	**印　张**	13　**彩　插**　8 面
	（010）68767382　　（010）88100613（传真）	**字　数**	329 千字
零售店	读者服务部　　（010）68371105	**书　号**	ISBN 978 - 7 - 5159 - 2127 - 3
承　印	北京中科印刷有限公司	**定　价**	98.00 元

本书如有印装质量问题，可与发行部联系调换

航天科技图书出版基金简介

航天科技图书出版基金是由中国航天科技集团公司于 2007 年设立的，旨在鼓励航天科技人员著书立说，不断积累和传承航天科技知识，为航天事业提供知识储备和技术支持，繁荣航天科技图书出版工作，促进航天事业又好又快地发展。基金资助项目由航天科技图书出版基金评审委员会审定，由中国宇航出版社出版。

申请出版基金资助的项目包括航天基础理论著作，航天工程技术著作，航天科技工具书，航天型号管理经验与管理思想集萃，世界航天各学科前沿技术发展译著以及有代表性的科研生产、经营管理译著，向社会公众普及航天知识、宣传航天文化的优秀读物等。出版基金每年评审 1～2 次，资助 20～30 项。

欢迎广大作者积极申请航天科技图书出版基金。可以登录中国航天科技国际交流中心网站，点击"通知公告"专栏查询详情并下载基金申请表；也可以通过电话、信函索取申报指南和基金申请表。

网址：http://www.ccastic.spacechina.com

电话：(010) 68767205，68767805

前　言

对未知领域的探索是人类社会发展的不竭动力。自 20 世纪 50 年代以来，太空成为人类新的探索领域。空间操作存在较大的不确定性、复杂性，世界上掌握此项技术的国家屈指可数。空间机械臂自 20 世纪 70 年代首次在航天飞机中应用以来，已在载人航天、在轨服务、星球探测等领域得到了广泛的应用：可以用来实现对空间目标的观察、监视；完成对航天器舱内和舱外不同目标的抓取、搬运、安装和释放；对轨道中废弃的卫星进行转移或清理；还可以应用于卫星故障部件的更换和维护。空间机械臂作为航天员感知与执行器官的延伸，已是我国空间站组装建造、舱段转位与日常维修维护的关键装备。

空间机械臂具有适应微低重力、大温差、强辐射太空环境的作业能力，采用空间机械臂可协助或代替航天员完成一些太空作业任务，如舱外设备的维修和维护、科学试验的照料以及其他星球表面探测等，在经济性和安全性方面都具有重要的意义。截至 2019 年，世界各国有近 20 条空间机械臂正在或将要开展一系列的在轨操作工程任务或演示验证任务，进一步证实了空间机械臂在空间领域应用的巨大潜力。

空间机械臂是典型的多体系统，不同于地面机械臂，空间机械臂具有质轻、负载质量大、活动范围大的特点，而细长结构和大质量的末端负载使得机械臂系统频率一般在零点几赫兹，柔性特征十分明显，美国航天飞机机械臂（Shuttle Remote Manipulator System，SRMS）在轨的应用结果表明，其约有 30% 的工作时间被用于等待机械臂振动的衰减，可见动力学与控制问题严重影响着空间机械臂的工作效率，甚至影响了空间机械臂在轨应用的效能。针对上述难题，国内外相关机构相继展开了研究，如美国和加拿大以航天飞机机械臂 30 年的飞行数据和经验为基础，依托完善的动力学与控制仿真模型，实现了加拿大臂II抓捕"龙"飞船任务的全数字模拟与准确验证，既展现了其科技水平，又节约了大量试验经费。本书总结了空间机械臂动力学与控制领域相关研究成果与工程经验，结合我国空间机械臂的特点，对动力学建模、控制系统设计、模型修正与验证相关方法进行论述，以期为相关工作人员提供一本较为实用的工具书或参考书。

本书由潘博研究员统稿，参与编写的作者如下：第 1 章绪论，主要由危清清、于登云、潘博撰写；第 2 章空间机械臂运动学，主要由刘鑫撰写；第 3 章关节动力学建模与分析，主要由潘博、于登云撰写；第 4 章空间机械臂多体动力学，主要由潘博、于登云、危清清撰写；第 5 章空间机械臂复杂末端执行器动力学，主要由危清清撰写；第 6 章空间机械臂控制，主要由刘鑫撰写；第 7 章空间机械臂动力学与控制仿真实例，主要由危清清撰写；第 8 章空间机械臂技术发展展望，主要由潘博、于登云撰写。本书是我国航天领域中的动力学、控制、机械等专业科研人员研究空间机械臂设计与分析的重要参考，可作为高年级本科和研究生相关课程的教科书或参考书。

由于本书编写时间紧，加之作者经验和知识有限，难免有疏漏之处，敬请读者批评指正。

潘　博

2022 年 10 月

于北京航天城

目　录

第 1 章　绪　论

自从我国第一艘载人飞船进入太空以来，我国载人航天技术得到了长足的发展，我国建设的大型空间站，涉及空间站的组装、舱段转移与舱段对接等空间作业，这些任务的完成都得到了空间机械臂的在轨支持。机械臂作为在轨支持、服务的一项关键技术，正逐步走上太空，并越来越受到各国的重视。加拿大、美国、荷兰、日本等相继开展了空间机械臂系统的研究并应用到工程实际中，典型代表有加拿大的航天飞机遥操作机械臂系统（Shuttle Remote Manipulator System，SRMS，也称 Canadarm 1）和空间站遥操作机械臂系统（Space Station Remote Manipulator System，SSRMS，也称 Canadarm 2）及日本试验舱遥控机械臂系统（Japanese Experiment Module Remote Manipulator System，JEMRMS）。

空间机械臂可以用来实现对空间目标的观察、监视；完成对航天器舱内和舱外不同目标的抓取、搬运、定位和释放；对轨道中废弃的卫星进行转移或清理；还可以应用于卫星维护，诸如卫星故障部件的更换和维修，应用前景广阔。同时，它也是深入开展载人航天活动必不可少的工具。在载人航天工程中，空间机械臂可以代替航天员作业，从而降低航天员在恶劣太空环境中作业的危险，减少受到的伤害，还可以减少执行任务的成本，提高任务完成的效率和质量。随着航天技术的发展，各航天大国都对空间机械臂的研究工作加大了力度。

空间站上的空间机械臂细长结构的大柔性特点给机械臂的控制带来了许多问题，影响着空间机械臂在轨应用的效能。SRMS 的应用结果表明，SMRS 约有 30% 的工作时间被用于等待机械臂振动的衰减，可见，空间柔性机械臂大柔性的特点严重影响了空间柔性机械臂的工作效率。

本书结合中国载人航天工程空间站的空间机械臂系统等研究项目，系统阐述了我国大型空间机械臂复杂关节、多体系统动力学建模和控制方法。

1.1　空间机械臂主要用途、工作环境和基本要求

1.1.1　空间机械臂的主要用途

空间机械臂是指应用于地球大气层以外的宇宙空间（包括航天器舱内及舱外、地外天体）的机械系统，主要执行航天器或空间站建造与运营支持、卫星组装与服务、星球表面探测与试验等任务。

空间机械臂具有适应微低重力、大温差、强辐射太空环境的作业能力。可采用空间机械臂协助或代替航天员完成一些太空作业，如空间站的建造、维护及服务，空间设备的维

修、卫星的捕捉及维修、科学试验的照料以及其他星球表面探测等，具有重要的科学与工程意义。截至 2019 年，世界各国有多达 12 个在轨操作任务，近 20 条空间机械臂正在或将要开展一系列的在轨操作工程任务或演示验证任务，进一步证实了空间机械臂在空间领域应用的巨大潜力。

随着人类空间探索活动的不断深入，在轨操作与行星探测任务更加复杂，用空间机械臂辅助和代替航天员执行空间任务在成本、效率上均有巨大的优势（见图 1-1）。

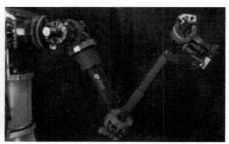

图 1-1　空间机械臂

1.1.2　空间机械臂的特点和基本要求

空间机械臂由于其应用环境的特殊性，与地面机械臂相比，具有鲜明的特点：

（1）工作环境特殊

空间机械臂工作在地外空间或地外天体表面。通常，运行于轨道上的空间机械臂需考虑高真空、高低温、强辐照、微重力、复杂光照等条件，而执行行星探测任务的空间机械臂还需考虑特殊的地形、极端温度、特殊大气、砂砾、粉尘等因素。此外，空间机械臂还需考虑任务剖面内所有的静力、振动、噪声、冲击等载荷。

（2）设计约束众多

除满足地面发射和太空工作环境外，空间机械臂还需满足构型、质量、功耗、安装空间、通信、视场等资源约束以及相关接口、功能和性能等指标限制。

（3）可靠性要求高

空间机械臂需要在太空中长时间工作，并且工作过程中基本得不到任何维护，这就要求空间机械臂必须在航天器上各项资源受限的条件下实现高可靠性。

（4）工作任务多样

空间机械臂通常承担多种操作任务，从作业对象上看包括飞行器、舱段、模块、仪器设备、专用工具以及空间碎片等；从任务内容上看包括空间目标的识别、测量、捕获、搬运、安装、更换以及样品采集与处理等。因此，在空间机械臂的设计中需兼顾不同任务、不同对象的特殊需求。

（5）系统组成复杂

空间机械臂是涉及材料、力学、机械、电气、热物理、光学、控制等多个学科的复杂空间系统，在构成上除了由多关节和末端执行器组成的机械系统外，还包括由视觉相机和力觉传感器等组成的感知系统、由整臂控制器和关节控制器等组成的控制系统，以及由指令生成模块和遥测反馈模块等组成的人机交互系统等。

（6）地面验证难度大

空间机械臂是按照空间环境设计的一类特殊机械臂，通常难以在地面重力条件下直接开展全工况的物理试验验证，同时，在轨工作时真空、微重力或低重力、高低温等环境的耦合作用很难在地面上真实模拟，从而给空间机械臂地面验证的全面性和充分性带来较大困难。

1.1.3　空间机械臂的发展历程

1981 年，加拿大研制的航天飞机遥控机械臂系统（SRMS）随哥伦比亚号航天飞机入轨，成为世界上第一个实现空间应用的在轨操作机械臂。之后，德国研制了机器人遥操作试验平台（Robot Teleoperation Experiment，ROTEX），对机械臂地面遥操作技术进行了验证。1997 年日本研制的自由飞行机械臂（ETS‐Ⅶ）进入轨道，并完成了空间目标抓捕、卫星模块更换等在轨操作技术验证工作。2007 年，美国通过轨道快车项目也完成了类似的验证。国际空间站的建设与运营需求有力地推动了空间机械臂技术的发展，2001 年，国际空间站遥控机械臂系统入轨，2008 年，特殊用途灵巧机械臂（Special Purpose Dexterous Manipulator，SPDM）、日本试验舱遥控机械臂系统（JEMRMS）相继进入国际空间站，上述机械臂在国际空间站的建造、维护和舱外试验等方面获得了成功应用。2011 年，美国的仿人形空间机器人（Robonaut 2）进入国际空间站并成功开展了各类灵巧操作的技术验证，证明了机器人在代替航天员执行空间操作方面存在着巨大潜力。截至目前，世界各国还在不断提出新的空间机械臂系统概念，如美国提出了凤凰计划（Phoenix Program）、同步轨道卫星机器人服务（Robotic Servicing of Geosynchronous Satellites，RSGS），德国提出了轨道服务任务（German orbital servicing mission，DEOS）等。随着空间任务愈发复杂，空间机械臂的形式愈发多样。

1.2　空间机械臂主要类型及任务需求

空间机械臂种类繁多、应用场景多样，目前尚无国际通用的分类，根据其应用场景的不同分为以下类型。

1.2.1　航天器舱外机械臂

所谓航天器舱外机械臂是指应用于空间站、卫星表面，负责完成空间站建造与运营支持、卫星组装与服务、空间碎片清除等任务。下面重点介绍几种典型航天器舱外机械臂。

（1）航天飞机遥操作机械臂（SRMS）

加拿大航天飞机遥操作机械臂是第一个在轨应用的空间机械臂，由加拿大 SPAR 公司研制，全长 15.2 m，质量 450 kg，臂杆直径 330 mm，最大负载达 29.5 t，共 6 个自由度（见图 1‐2）。

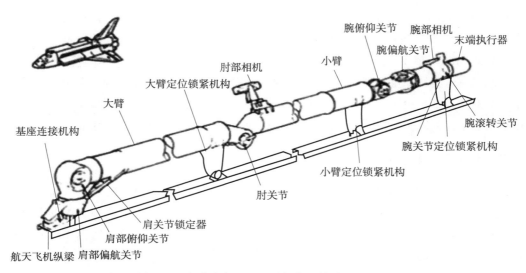

图 1-2 加拿大航天飞机遥操作机械臂（SRMS）

SRMS 于 1981 年 11 月 1 日随美国"哥伦比亚号"航天飞机发射入轨，由航天员在航天飞机的后甲板进行遥控操纵。自首次应用起，SRMS 已成功完成辅助航天飞机与曙光号（Zarya）舱段对接、协助航天员修复太阳能电池阵（见图 1-3）、捕捉并修复卫星（见图 1-4）。1997 年，SRMS 还在辅助修复哈勃太空望远镜任务中发挥了重要作用（见图 1-5）。SRMS 也是国际空间站初始组装阶段的主要工具。

图 1-3　SRMS 辅助航天员修复太阳能电池阵　　　图 1-4　SRMS 辅助捕捉并修复卫星

（2）国际空间站遥操作机械臂系统（SSRMS）

在 SRMS 的基础上，加拿大 SPAR 公司进一步开发了更加先进的移动服务系统（Mobile Servicing System，MSS），MSS 由移动基座系统（Mobile Base System，MBS）、国际空间站遥操作机械臂系统（SSRMS）和灵巧机械臂（SPDM）组成（见图 1-6 和图 1-7），主要用于空间站的装配与服务、轨道器的对接与分离、有效载荷的操作及辅助航天员出舱等（见图 1-8 和图 1-9）。

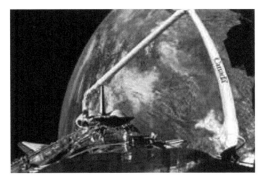

图 1-5　SRMS 辅助释放哈勃望远镜

图 1-6　服务于美国舱段的 SSRMS

图 1-7　灵巧机械臂（SPDM）

图 1-8　SSRMS 辅助航天员出舱

图 1-9　SPDM 安装在 SSMRS 末端协同作业

SSRMS 长 17.6 m，重 1.8 t，具有 7 个自由度，最大载荷可达 260 t，其两端都装有末端执行器，可以将其中任何一端附着在空间站上变成基座，增加了 SSRMS 的工作范围。

（3）日本臂（JEMRMS）

2008 年发射并应用于国际空间站日本舱段的日本臂由日本国家空间发展署研制，主要承担辅助舱外试验和舱段维护等任务。该机械臂系统由各为 6 自由度的 10 m 的主臂（Main Arm，MA）和约长 2.2 m 的灵巧小臂（Small Fine Arm，SFA）组成（见图 1-10 和图 1-11），设计使用寿命为 10 年。

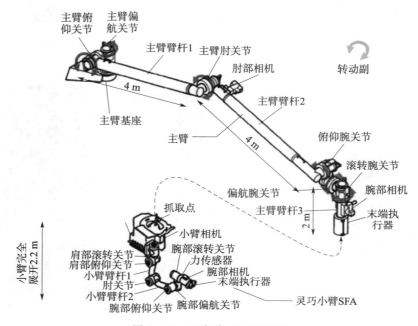

图 1-10　日本臂（JEMRMS）

图 1-11　JEMRMS 双臂联合试验

（4）欧洲臂（ERA）

欧洲臂由荷兰 Fokker 航天中心研制，有 7 个旋转关节（见图 1 - 12）。ERA 服务于国际空间站的俄罗斯舱，机械臂两端具有可拆卸的执行器，每个执行器与空间站具有电气、机械和数据信号的接口，这使得 ERA 具有移动行走功能，与加拿大 SSRMS 类似。ERA 总长 11 m，总质量 400 kg，末端移动速度范围为 0.001～0.2 m/s，低速操作或者静止时可对载荷施加 30 N 的外力或 100 Nm 的操作力矩，在轨操作载荷为 8 t。

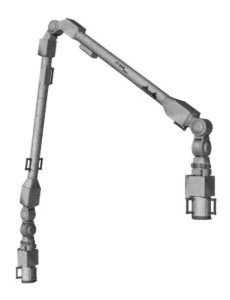

图 1 - 12 欧洲臂

随着航天器向着大型化方向发展，航天器舱段、太阳翼及大型天线等附件的尺寸越来越大，空间机械臂需要更大的活动空间来满足辅助安装、维修的需求。然而，空间机械臂的尺寸不能一味增大，因此，具备空间行走的 7 自由度空间机械臂将是未来空间机械臂的发展趋势。

（5）中国空间站机械臂

中国空间站天和核心舱机械臂由 7 个关节、2 个末端执行器、2 个臂杆、1 个中央控制器以及 1 套视觉监视测量系统组成，如图 1 - 13 所示，机械臂采用对称分布构型形式，可爬行、可拓展、可维护，总长 10.37 m，总质量 738 kg，末端移动速度为 0.05～0.6 m/s，在轨操作最大载荷 26 t。

（6）工程试验卫星机械臂（ETS - Ⅶ）

日本的工程试验卫星机械臂被认为是第一个安装在卫星上的空间机械臂（见图 1 - 14）。整个系统于 2007 年发射，任务包括自动识别、对接和机械臂操作。

单就机械臂操作而言，涵盖了很多不同任务，比如地面大延时远程操作（5～7 s）、在轨模块替换、空间结构辅助展开、星体姿态的动力学精确控制、目标星捕获等。机械臂长 2 m，具有 6 自由度，机械臂及末端配有摄像机，末端安装有长约 0.5 m 的三指灵活机械

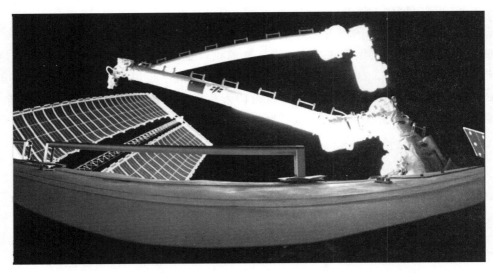

图 1-13　中国空间站机械臂

手，最大负载能力 400 kg，机械臂系统重约 45 kg。

为了避免捕获失败导致与目标星相距太远，机械臂捕获任务开展时，两个星体仍然采用连接机构锁定在一起。项目在 1998 年 6—7 月份完成了试验，包括装卸在轨可更换单元（ORU）及对遥控任务板上机械开关、滑动手柄、小型漂浮物体的拉出/推进等操作（机械臂末端处配备的摄像机监视并拍摄下这些操作场景）。

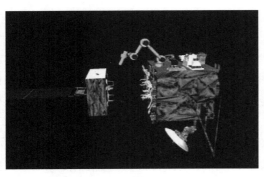

(a)ETS-Ⅶ

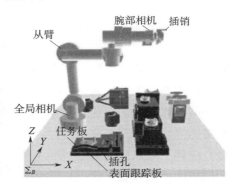

(b)ETS-Ⅶ上的机械臂系统

图 1-14　ETS-Ⅶ及其上的机械臂系统

1999 年 3 月 24—25 日，日本航天员若田光一采用遥操作方式用机械臂捕获目标星，并完成了一系列操作试验。ETS-Ⅶ空间机械臂试验是世界上首例在卫星上进行的试验，试验工作很顺利，没有出现明显故障。机械臂主要有两种操作模式：基于 3D 图形预测显示的遥操作模式和程控模式。

（7）国际空间站机器人组件验证计划

国际空间站机器人组件验证计划（Robotics Component Verification on ISS System,

ROKVISS）是德国的空间机械臂技术试验系统（见图 1 - 15），2005 年 1 月舱外太空行走时被成功安置在国际空间站俄罗斯服务段外。ROKVISS 试验系统包含一个安装在通用平台上的两自由度机器人（两个关节），长约 50 cm，具备一个灵巧手指和两个内置照相机，控制方式既可以采用自动控制模式，也可以通过遥操作方式，由地面控制站通过 S 频段实时通信发送运动指令。当国际空间站经过德国上空时，遥操作模式启动 7 min 的高保真的力反馈闭环控制。在自动控制模式时，系统会选择一个预先定义好的运动序列，运动测量数据会被存储，然后发回地面。

图 1 - 15 ROKVISS 试验系统

1.2.2 航天器舱内机械臂

所谓航天器舱内机械臂，是指应用于空间站舱内，负责协助航天员或独立完成舱内设备照料、仪器操作、货物搬运等任务，用于减轻航天员的负担。

在舱内操作的机械臂中，比较成功的是德国宇航中心（DLR）研制的基于多传感器的空间技术验证机器人（Space Robot Technology Experiment，ROTEX）、ROKVISS，以及 NASA 和 GM 合作研制的类人空间双臂机器人 Robonaut。1993 年 4 月，德国宇航中心在哥伦比亚号航天飞机上试验了舱内机器人 ROTEX，成功地进行了多项遥操作试验：装配栅格机构、连接/断开电气插头和抓握自由漂浮物体。ROTEX 是第一个舱内遥操作的空间机械臂试验系统，验证在 5~7 s 大时延的条件下地面-空间操作的可能性。ROTEX 机器人具有 6 个自由度，其末端装有六维力传感器、触觉阵列传感器、9 个红外测距传感器和一对微型立体摄像机。ROTEX 采用了三种控制模式：借助预测显示系统的地面-空间遥操作、基于传感器的离线编程监控式操作以及航天员主从遥操作。

Robonaut 2 是一种仿人型机器人。Robonaut 2 可以和航天员一起工作（见图 1 - 16）；

可以自主运行也可以通过遥操作的方式进行控制；可以完成包括日常维护、组装和拆卸工架、帮助航天员进行舱内作业、快速维护响应等各种任务。它主要包括头部、躯干、上肢和下肢四个部分。臂展约为 2.4 m，重 149.5 kg（不含下肢），头部包含 3 个颈部自由度，躯干包括 1 个腰部自由度，双臂各具有 7 个自由度，每个五指灵巧手具有 12 个自由度，双腿各具有 7 个自由度，双足各具有 1 个夹持自由度。单臂最大负载能力为 9 kg（地面重力环境），头部配置 4 个可见光相机。

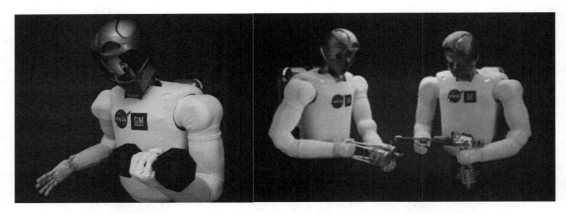

图 1-16　Robonaut 机器人

　　Robonaut 2 的操作绝大多数通过遥操作实现，如旋拧螺母、挂挂钩等。Robonaut 2 遥操作系统包括头盔、力觉和触觉反馈手套、姿态跟踪器。遥操作使用虚拟现实技术使操作者在视觉上沉浸于机器人的工作环境中。视觉反馈由立体显示头盔和机器人头部摄像机提供实时图像。手指动作的跟踪由数据手套实现，嵌入机器人手部的力传感器可将手指受力通过手套上的机械外骨架反馈给操作者。臂、躯干、头部的跟踪由位置和方向跟踪器实现。Robonaut 2 遥操作界面使用了新算法，显著提高了机器人空间操作的安全性和性能。

　　"天宫二号"机械臂系统搭载于"天宫二号"空间实验舱内，在空间实验室与载人飞船组合体飞行期间，完成了在轨维修实验，其核心是仿人型机械臂/手（见图 1-17），由 1 个 6 自由度机械臂，1 个 15 自由度机械手，1 个手眼相机组成，总重约 20 kg，配置了位置、力、关节力矩、视觉等多种传感器，可实现高精度位置控制、自主柔顺操作及航天员在轨或地面遥操作等功能。

图 1-17　"天宫二号"机械臂系统

1.2.3　地外天体探测机械臂

所谓地外天体探测机械臂是指应用于月球、火星、小行星等地外天体，进行星表探测、样品采集等工作的机械臂。

（1）美国"凤凰"号（Phoenix）火星探测机械臂

2007 年 8 月 4 日，美国"凤凰"号火星探测器从卡纳维拉尔角空军基地发射升空，经过 9 个多月的旅程，2008 年 5 月 25 日"凤凰"号火星探测器（见图 1-18）在火星北极着陆，"凤凰"号探测器主要任务为探测火星北部极地冻土层的信息。

图 1-18　凤凰号火星探测器

"凤凰"号携带的机械臂（见图 1-19 左侧）是最重要的科学载荷设备，长 2.35 m，具有 4 个自由度，可完成俯仰、摆动、伸缩及旋转的动作。机械臂末端安装有铲斗状的土壤采样器，该采样器由前后两个腔室组成，前腔室末端是穿破土壤层的刀刃，后腔室安装可以磨碎冻土的锉刀。采样器可以使用前刀刃挖掘土层，又可以通过锉刀刮磨较硬的土层，可以进行表层土壤的采集，也可以进行深层土壤的挖掘。腔室内部呈漏斗状，通过狭缝连接两个腔室。前腔室有个导向的断口，可将采集的样本倒入试验分析装置。

"凤凰"号在 157 个火星日里，取得了大量探测成果。它为 8 个分析容器中的 5 个送入了火星样本，并且使用了 4 个湿化学烧杯中的 3 个。尽管"凤凰"号没有彻底检测到火星上的冰，但是它分析了含冰的土壤，挖掘了冰床上的土壤，从而揭示了至少两种不同类型的冰沉积物。

（2）美国"欧西里斯"（OSIRIS - Rex）小行星探测机械臂

"欧西里斯"（OSIRIS - Rex）是美国 NASA 首个小行星采样返回探测器，于 2016 年 9 月 9 日搭乘宇宙神 - V 441 运载火箭从卡纳维拉尔角发射。"欧西里斯"将对 101955 贝努（101955 Bennu）C 类碳质小行星进行探测，并计划于 2023 年将该小行星的样品送回地球。

"欧西里斯"探测器携带了一条长度为 3.35 m 的采样臂（见图 1-20）。采样臂由三关节机械臂及其末端的采样器组成，两者通过万向节连接，具有一定的星表地形自适应能力；机械臂第二级臂杆上配置弹簧缓冲环节，即在受到压力情况下，可收缩一定行程，起

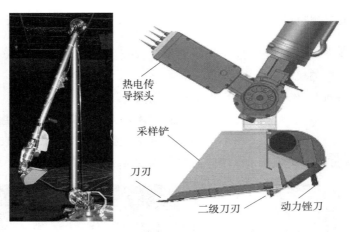

图 1-19　凤凰号火星探测器机械臂

到缓冲作用。

　　"欧西里斯"探测器采用使表面碎片流体化的方法。这种取样方式适合于表面有风化层的情况。工作过程是：探测器逐渐下落，到距离贝努小行星表面几米的高度时，伸出机械臂，当位于机械臂末端的"快速样品捕获机构"接触到小行星表面时，向小行星的风化层吹高压氮气，在气流的作用下，使小行星表面碎屑流体化，随气流一起被吹进取样器，取样可在大约 5 s 内完成。"快速样品捕获机构"有 3 个独立的气体瓶，可以进行 3 次采样尝试。尽管"快速样品捕获机构"是一项新技术，但是对其采样头进行的真空和微重力试验证明其具有采集 60 g 样品的能力。项目团队计划收集 60 g～2 kg 的样品。

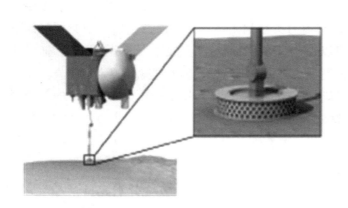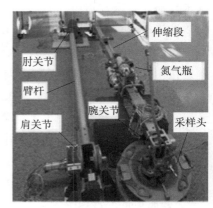

图 1-20　欧西里斯（OSIRIS）探测器

　　（3）欧空局"猎兔犬"-2（Beagle 2）火星探测机械臂

　　2003 年 6 月 2 日，欧空局（ESA）研制的第 1 个火星探测器——"火星快车"发射升空，12 月 19 日到达火星前 6 天，"猎兔犬"-2 与"火星快车"分离，在穿过火星大气层时降落伞打开，并在即将到达火星赤道以北的伊希迪斯平原时借助安全气囊的缓冲安全着陆，但因某种原因"猎兔犬"-2（见图 1-21）任务失败。

图 1-21 Beagle 2 应用场景

Beagle 2 携带一个用于样品采集的机械臂。机械臂腕关节输出端安装了一个多功能末端执行器（PAW）。Beagle 2 机械臂具有 5 个自由度，完全伸展时臂长 0.709 m，质量约 2.2 kg，机械臂末端的 PAW（见图 1-22），包含一对立体相机、一台显微镜（分辨率为 6 μm）、一台穆斯鲍尔光谱仪、一台 X 射线光谱仪、一台用于收集岩石样品的钻头和一盏射灯。岩石样品将通过 PAW 进入质量仪和着陆器体内的气相色谱仪 GAP（气体分析包），以测量碳和甲烷的不同同位素的相对比例。由于碳被认为是所有生命的基础，因此这些数据可以揭示样本是否含有生物体的残余物。

图 1-22 "猎兔犬"-2 机械臂末端示意图

（4）中国嫦娥五号月面采样与封装机械臂

2020 年 12 月 2 日 22 时，中国嫦娥五号月面采样与封装机械臂圆满完成月球表面多点（6 个）、多次（12 次）选择性采样与封装任务，成功获取约 1.5 kg 月球表层月壤样品（见图 1-23），完成全球首次月球表层无人自主采样与封装任务。

嫦娥五号月面采样与封装机械臂具有 4 个自由度，臂展 4.3 m，总重 22 kg，具有两个采样器，分别实现铲挖夹一体式及浅钻吸纳式采样。

图 1 - 23 中国嫦娥五号月面采样与封装机械臂

1.2.4 空间机械臂关节概况

这里按大型和小型空间机械臂的分类方式，介绍两类空间机械臂关节的研制现状和各自特点。

国外在大型机械臂关节的研制和应用方面积累了丰富的经验，加拿大、欧空局和日本均有大型空间机械臂关节的成功应用的实例。其中，经过飞行试验验证的大型关节主要包括加拿大研制的 SRMS 关节、SSRMS 关节和欧空局的 ERA 关节。

SRMS 具有 6 个旋转关节，每个关节都由直流无刷电机、制动器、齿轮传动装置、编码器、运动控制和热控单元等部分组成，如图 1 - 24 所示。SRMS 关节的齿轮传动装置，

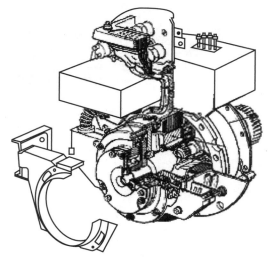

图 1 - 24 SRMS 关节

由高速和低速两级传动构成。其中，高速级（G1）由两级直齿轮传动构成，低速级（G2）由两级行星齿轮传动构成，如图 1-25 所示。编码器是 16 位绝对式光电编码器，与输出齿轮相连，提供角度位置的精确信息，用于关节运动位置的闭环控制。

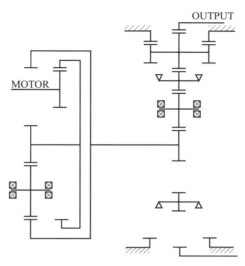

图 1-25　SRMS 关节传动装置示意

SSRMS 有 7 个旋转关节，以肘部关节为中心，两端的关节为对称关系。SSRMS 关节（见图 1-26）继承了 SRMS 关节的很多设计经验和设计思想，主要由驱动单元、齿轮传动装置、测量单元和控制单元等组成。驱动单元包括直流无刷电机、旋转变压器和制动器三部分。关节中共有两套驱动单元，互为备份。旋转变压器作为直流无刷电机换向和转速

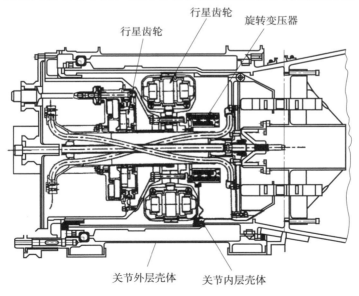

图 1-26　SSRMS 关节的主剖视图

测量元件。制动器为断电制动方式，用于关节停止运动时提供保持力矩。关节的齿轮传动装置采用 G1 和 G2 两套齿轮减速器，总的传动比为 1 845：1。关节末端的位置测量采用旋转变压器，与关节的输出端共用一个输出轴。

ERA 由欧空局与俄罗斯航天局牵头，由荷兰航天公司具体组织研制。它具有 7 个关节自由度，以肘部关节为中心，两端对称分布 3 个关节。ERA 结构紧凑、质量轻，具有承载能力大、极低间隙、高刚度、低摩擦以及转角和速度的高分辨率测量等特点。机械臂每个关节均由驱动单元、齿轮传动装置、位置测量装置、运动控制和热控单元等部分组成。驱动单元包括直流无刷电机、制动器和速度传感器三部分。齿轮传动装置为四级标准行星齿轮减速器，传动比为 450：1，其中第 1、2 级共用一个内齿圈，第 3、4 级共用一个内齿圈。ERA 关节的主剖视图如图 1 - 27 所示。

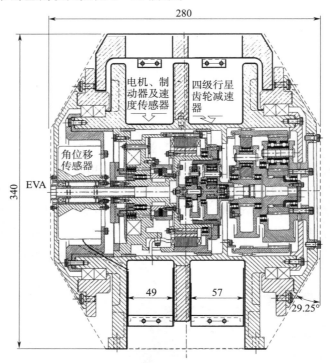

图 1 - 27　ERA 俯仰关节的主剖视图

此外，欧空局早期研发的大型空间机械臂 HERA（HErmes Robot Arm，ERA 的前身）为一位置可移动的对称的 7 关节机械臂。其关节构成为：直流无刷力矩电机、转速传感器、电磁制动器、传动装置和绝对式编码器，如图 1 - 28 所示。其中，传动装置由行星齿轮和谐波齿轮构成。

在小型机械臂关节的研制方面，德国宇航中心机器人实验室的轻质机器人关节最初也是由行星齿轮构成的，但由于具备 1：600 的传动比的两级行星齿轮制造难度大，而被谐波齿轮所取代。NASA 早期为空间站的遥控飞行机器人服务系统（Flight Telerobotic Servicer，FTS）研制的空间机械臂包括 7 个关节，各关节能实现高精度和零间隙，其构

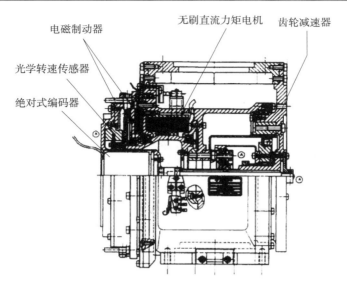

图 1-28 欧洲空间机械臂 HERA 的关节主视图

成包括：直流无刷电机、谐波齿轮传动装置、输出力矩传感器、输出位置传感器、失效安全闸和硬制动装置等。美国海军研究生院空间飞行器研究设计中心的空间机器人模拟器为一个双臂杆机械臂，关节包括有刷直流电机和谐波齿轮。欧空局早期研制的舱内空间机械臂 ROTEX，其关节根据 HERA 的关节构型缩比研制，但传动装置只包含谐波齿轮，且关节中没有制动装置。美国马里兰大学空间系统实验室研制的轻型自重构空间机器人 MORPHbots 的关节传动机构如图 1-29 所示，它也是由直流无刷电机驱动谐波减速器来实现关节转动的。同样，欧空局研发的灵巧性机械臂（Dexterous Robot Arm，DEXARM，见图 1-30）的关节、德国宇航中心的智能机器人关节（IRJ），UTI 公司的机械臂（UTI-arm）关节以及德宇航-哈工大联合实验室研制的两自由度 HITARM 关节模块，也均采用直流无刷电机驱动谐波齿轮减速器的形式。

图 1-29 空间机器人 MORPHbots 关节传动机构

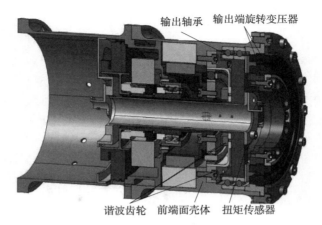

图 1 - 30　DEXARM 原型机关节实体模型 （见彩插）

嫦娥五号表取采样机械臂关节由永磁同步电机、行星减速器、谐波减速器、双通道旋转变压器组成（见图 1 - 31），其中肩俯仰关节谐波减速器减速比为 160，整个传动系统减速比为 2 480，最大输出力矩可达 216 Nm。

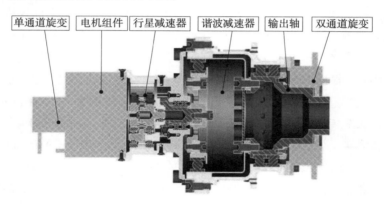

图 1 - 31　嫦娥五号表取采样机械臂俯仰关节示意

1.3　国外空间机械臂典型任务计划

1.3.1　凤凰计划

"凤凰"（Phoenix）计划是 2012 年 DARPA 启动的一项演示验证项目，旨在重新利用失效退役的地球静止轨道（GEO）卫星的有价值部件，组建新型航天器。

"凤凰"计划关注的核心问题是非合作目标的捕获、载荷和平台设备拆解、载荷重组重构（见图 1 - 32）。该计划主要由"有效载荷轨道交付系统"（PODS）、"轨道服务器"（Tender）及"细胞星"（Satlets）三部分组成，计划演示验证从报废卫星上摘取并利用零部件（天线等）的技术，其方案是从一颗失效卫星上"剥离"大型天线，并将其与"细胞星"在轨组装成新的地球静止轨道卫星。"凤凰"计划具体任务过程：将装有"细胞星"的"有效载荷轨道交付系统"搭载发射至地球静止轨道后弹射入轨，在轨运行的"轨道服务器"随后交会并抓捕"有效载荷轨道交付系统"。然后，"轨道服务器"转移至地球静止轨道上方的"坟墓轨道"交会捕获失效卫星。"轨道服务器"利用机械臂将"细胞星"安装到天线上，并对其进行激活在轨测试。若"细胞星"被成功激活，与天线的组合体能够正常工作，"轨道服务器"将再次利用机械臂将天线与失效卫星切割分离。最后，"轨道服务器"将"细胞星"和天线的组合体转移至地球静止轨道工作位置开始工作。

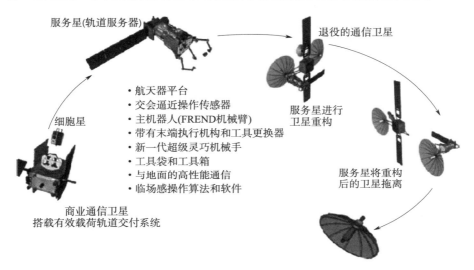

图 1-32　"凤凰"计划任务示意图

此项目采用的机械臂为 FREND 机械臂，设计要求是项目配置 3 条相同的机械臂，单臂长 1.8 m，重 78 kg，具有 7 个自由度，末端精度为 5 mm。

由于"凤凰"计划目标太复杂，近年来又衍生出了验证机械臂技术的"地球同步轨道卫星机器人服务"（RSGS）项目与验证在轨自主装配天线的"蜻蜓"（Dragonfly）项目。目前，"凤凰"计划仅完成了"细胞星"的初始任务验证试验，并公布了"有效载荷轨道交付系统"的接口要求。2016 年，DARPA 公布了"有效载荷轨道交付系统"的标准尺寸为 3.3 cm×4.1 cm×5.6 cm，质量约 68～100 kg，符合上述接口标准的"有效载荷轨道交付系统"可更快捷地连接到商业宿主卫星上，并在适当的位置完成在轨释放，同时也可利用商业航天发射来降低发射成本。

从美国国防部预算文件来看，"凤凰"计划在 2017 年发射其"有效载荷轨道交付系统"并完成在轨测试，"轨道服务器"的机械臂划归"凤凰"计划衍生的新项目"地球同步轨道卫星机器人服务"进行研制试验，诺瓦克公司还将完成集成"细胞星"的首个低地球轨道（LEO）在轨试验——细胞集成技术试验（eXCITe），将由 12 颗"高度集成卫星"（HISat）组成的集成卫星发射至 720 km×450 km 的近太阳同步轨道，试验"高度集成卫星"以及与其有效载荷之间的接口，并验证飞行环境下关键"细胞星"的功能。目前来看，上述计划均有所推迟。2017 年 10 月，国际空间站（ISS）航天员成功完成"高度集成卫星"的在轨组装与释放任务。

1.3.2　蜻蜓项目

"蜻蜓"（Dragonfly）是"凤凰"计划在 2015 年的衍生项目之一（见图 1 - 33），归属 NASA "新兴空间能力转折点"（"Tipping Point" ESC）系列专题。"蜻蜓"项目将在轨组装与重构大型固体射频反射器，演示自主天线在轨装配技术，改变现有卫星的装配模式。

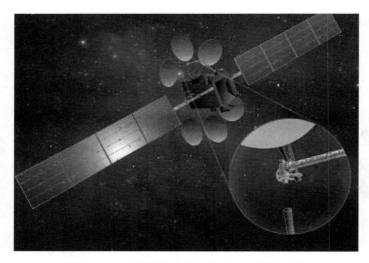

图 1 - 33　"蜻蜓"在轨自主装配天线示意图

2015 年 8 月，DARPA 将为期 5 个月，价值 25 万美元的研究合同授予劳拉空间系统公司，用以研究卫星在轨组装方案，在降低卫星成本与重量的基础上，提高卫星的性能。2016 年年初，劳拉空间系统公司完成该方案的可行性论证。2016 年 7 月，劳拉空间系统公司又获得 DARPA 价值 2 000 万美元的合同，用于研制"地球同步轨道卫星自主服务"项目的机械臂，其中包括为"蜻蜓"研制 2 个机械臂。2017 年 8 月，"蜻蜓"项目成功完成地面演示试验，使用 3.5 m 机械臂系统为地面模拟卫星装配大型天线反射器。

1.3.3　空间机械臂典型任务汇总

从在轨任务分工来看，美国重点关注在轨装配、在轨推进剂加注任务与相关技术，欧洲重点关注低地球轨道碎片移除任务与相关技术，日本、德国等依托自身先进的机械臂技术开展在轨服务项目。

美国对空间机械臂技术的探索起步较早，在 20 世纪 60 年代，NASA 就开始资助该领域的一些相关问题的研究。随着其空间站计划的实施，美国逐渐开始重视空间自主在轨服务技术的发展（见图 1 - 34），尤其是涉及空间机械臂在轨操作任务的领域，重点开展了利用轨道航天器以非摧毁的方式处置卫星的技术研究。美国先后实施了多项关键技术的演示验证试验，使其处于相关领域的领先地位。

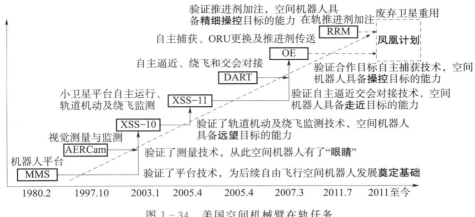

图 1 - 34 美国空间机械臂在轨任务

欧洲空间机械臂自主在轨操作技术的发展以空间机械臂为先导，大力发展空间操作控制技术（见图 1 - 35）。

图 1 - 35 德国空间机械臂在轨任务

加拿大主要为 ISS 配备了先进的机械臂系统，在软件操控和硬件搭建方面巩固了加拿大在机械臂领域的领先地位（见图 1 - 36）。

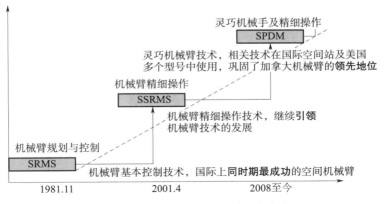

图 1 - 36 加拿大空间机械臂在轨任务

各国主要在轨任务汇总如表 1-1 所示。

表 1-1　主要机械臂任务对比

计划名称	项目代号	国家	技术类型	主任务类型	发展动态	机械臂特点
轨道快车计划	OE	美国	近地轨道自主在轨维护	在轨维修	2007 年成功验证了近地轨道自主在轨维护技术，验证了对合作目标的捕获能力	臂展 3 m，重 71 kg，具有 6 个自由度，末端可实现对接、ORU 替换和推进剂加注
前端机器人技术近期演示	FREND	美国	地球静止轨道卫星的维护	综合性任务	目前侧重于前端机器人技术演示，已在 NRL 的实验室开展了地面演示验证试验	3 个 7 自由度的机械臂，具有很大灵活性，末端效应器能够抓取半径为 3 in、高度为 40 in 的圆柱体，在其 75% 的活动空间内末端执行器轴向速度可达 17 cm/s，或者 95% 的活动空间内可达 6 cm/s；机械臂的质量小于 80 kg；机械臂负载不小于 5 kg；机械臂末端位置误差±2 mm，角度误差±0.4°
凤凰计划	Phoenix	美国	地球同步轨道自主在轨维护	综合性任务	重点研究多自由度空间操作机械臂技术，2015 年开展细胞化卫星的在轨演示验证	配置 3 条相同的机械臂，单臂长 1.8 m，重 78 kg，具有 7 个自由度，末端精度为 5 mm
蜻蜓计划	Dragonly	美国	在轨组装与重构大型固体射频反射器	在轨装配	2017 年成功完成地面演示试验，使用机械臂系统为地面模拟卫星装配大型天线反射器	2 个 3.5 m 的机械臂，主要特征与"凤凰计划"相同
地球同步轨道卫星机器人服务	RSGS	美国	验证机械臂技术	在轨维修与升级	2016 年启动研制能够执行多项任务的"自主服务航天器"	包含机械臂，主要特征与"凤凰计划"相同
复原-L 在轨补加任务	Restore-L	美国	验证对低轨合作与非合作目标的在轨推进剂加注技术	在轨加注与延寿	2017 年完成初步设计评审，原计划在 2020 年发射	与 FREND 项目机械臂相同
德国任务	DEOS	德国	自主处理故障卫星技术演示	综合性任务	机械臂研制经验成熟，星体结构确定，原计划在 2018 年进行在轨试验	配置机械臂长 3.2 m，重 40.5 kg，具有 7 个自由度。末端抓手有 3 指抓取装置，安装有照明系统和一台视场角为 60° 的相机

续表

计划名称	项目代号	国家	技术类型	主任务类型	发展动态	机械臂特点
日本工程试验卫星项目	ETS-Ⅶ	日本	综合性在轨操作系统	在轨捕获	1999 年成功完成遥操作在轨捕获任务	搭载 2 m 长的 6 自由度机械臂,机械臂上及指尖处配有相机,末端安装有长约 0.5 m 的三指灵活机械手系统。系统重约 45 kg,基座为一个 2.5 t 的无人卫星,最大负载能力不低于 400 kg。主要有两种操作模式:基于 3D 图形预测显示的遥操作模式和遥编程模式
空间碎片微型清除器项目	SDMR	日本	验证空间碎片主动移除技术	在轨捕获	2010 年完成电动系绳推进的在轨演示试验,原计划 2020 年开展在轨演示验证试验	夹持机械臂,末端有电刷接触器,能够对碎片减速

第 2 章　空间机械臂运动学

运动学是开展空间机械臂特性分析和进行机械臂控制的基础，本章将推导空间机械臂系统的运动学方程，包括位姿描述、坐标系描述、运动学描述等基本问题的介绍，并探讨常用的机械臂运动规划问题。

2.1　拓扑结构数学描述

机械臂末端运动依靠机械臂各个部件共同完成，末端运动的特性包含了位移、速度和加速度等信息，而构成机械臂的每个部件的运动也包含了不同的运动特性。为了描述部件、末端之间的位姿关系，需要建立一套和刚体部件互联的坐标系系统（简称刚体坐标系），此坐标系系统的关系表征了机械臂各部件之间以及与末端之间的运动关系。

2.1.1　刚体位置描述

建立与刚体部件互联的坐标系 $O_1X_1Y_1Z_1$，则刚体上任意点 P 在坐标系中的位置矢量 $^1\boldsymbol{r}_p$ 可表示为 3×1 的列向量

$$^1\boldsymbol{r}_p = \begin{pmatrix} p_x \\ p_y \\ p_z \end{pmatrix} \tag{2-1}$$

其中，p_x、p_y、p_z 是点 P 在坐标系 $O_1X_1Y_1Z_1$ 中的三个坐标分量，$^1\boldsymbol{r}_p$ 被称为位置矢量，如图 2-1 所示。

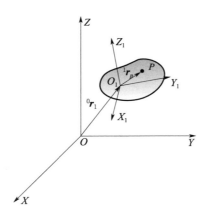

图 2-1　刚体部件位姿表示

2.1.2 刚体方位描述

刚体的方位使用刚体坐标系和参考坐标系之间的相对关系来描述，刚体坐标系 $O_1X_1Y_1Z_1$ 的三个单位矢量在 $OXYZ$ 坐标中以 ^0n、^0o、^0a 表示，其表达式为

$$^0n = \begin{pmatrix} n_x \\ n_y \\ n_z \end{pmatrix} \qquad ^0o = \begin{pmatrix} o_x \\ o_y \\ o_z \end{pmatrix} \qquad ^0a = \begin{pmatrix} a_x \\ a_y \\ a_z \end{pmatrix} \tag{2-2}$$

则可用 3×3 矩阵 $^0R_1$ 表示刚体相对坐标系的方位

$$^0R_1 = \begin{pmatrix} n_x & o_x & a_x \\ n_y & o_y & a_y \\ n_z & o_z & a_z \end{pmatrix} = [\,^0n \quad ^0o \quad ^0a\,] \tag{2-3}$$

同时，当已知 $^0R_1$ 时，也可以确定 $O_1X_1Y_1Z_1$ 在 $OXYZ$ 坐标系下的指向，即可以建立转换矩阵和坐标系指向的一一映射关系。

2.1.3 刚体位姿描述

要完全描述刚体在空间的位姿，通常可以在刚体上建立坐标系，如 $O_1X_1Y_1Z_1$，坐标原点可以选择在质心等特征位置。则刚体相对于参考坐标系（如坐标系 $OXYZ$）的位置和方位可表示为

$$\{O_1\} = \{\,^0R_1 \quad ^0r_1\,\} \tag{2-4}$$

2.1.4 坐标变换

对于图 $2-1$ 所示的点 P 在坐标系 $O_1X_1Y_1Z_1$ 中的位置表示为 ^1r_p，当 $O_1X_1Y_1Z_1$ 与 $OXYZ$ 姿态一致时，^1r_p 在坐标系 $OXYZ$ 的位置可表示为

$$^0r_p = {}^1r_p + {}^0r_1 \tag{2-5}$$

其中，$^0r_1$ 表示 O_1 在 $OXYZ$ 中的位置矢量。

当 O_1 与 O 的坐标原点重合时，^1r_p 在坐标系 $OXYZ$ 的位置可表示为

$$^0r_p = {}^0R_1 {}^1r_p \tag{2-6}$$

对任意刚体坐标系，^1r_p 在坐标系 $OXYZ$ 的位置可表示为

$$^0r_p = {}^0R_1 {}^1r_p + {}^0r_1 \tag{2-7}$$

特别地，任意两坐标系间可通过 3 次绕 x、y、z 轴基本转动完成坐标变换。三次转动转过的角度称为欧拉角（θ，φ，ϕ），基本旋转矩阵为

$$R_x(\theta) = \begin{pmatrix} 1 & 0 & 0 \\ 0 & \cos\theta & -\sin\theta \\ 0 & \sin\theta & \cos\theta \end{pmatrix}$$

$$R_y(\varphi) = \begin{pmatrix} \cos\varphi & 0 & \sin\varphi \\ 0 & 1 & 0 \\ -\sin\varphi & 0 & \cos\varphi \end{pmatrix}$$

$$\boldsymbol{R}_z(\phi) = \begin{pmatrix} \cos\phi & -\sin\phi & 0 \\ \sin\phi & \cos\phi & 0 \\ 0 & 0 & 1 \end{pmatrix}$$

将式（2-7）转换为齐次形式，得到

$$\begin{pmatrix} {}^0\boldsymbol{r}_p \\ 1 \end{pmatrix} = \begin{pmatrix} {}^0\boldsymbol{R}_1 & {}^0\boldsymbol{r}_1 \\ \boldsymbol{0} & 1 \end{pmatrix} \begin{pmatrix} {}^1\boldsymbol{r}_p \\ 1 \end{pmatrix} \tag{2-8}$$

特别地，由式（2-8）可以得到：

沿 X 轴移动 d 对应的齐次变换矩阵

$$Trans_x(d) = \begin{pmatrix} & & & d \\ \boldsymbol{I} & & & 0 \\ & & & 0 \\ \boldsymbol{0} & & & 1 \end{pmatrix}$$

沿 Y 轴移动 d 对应的齐次变换矩阵

$$Trans_y(d) = \begin{pmatrix} & & & 0 \\ \boldsymbol{I} & & & d \\ & & & 0 \\ \boldsymbol{0} & & & 1 \end{pmatrix}$$

沿 Z 轴移动 d 对应的齐次变换矩阵

$$Trans_z(d) = \begin{pmatrix} & & & 0 \\ \boldsymbol{I} & & & 0 \\ & & & d \\ \boldsymbol{0} & & & 1 \end{pmatrix}$$

绕 X 轴旋转 θ 对应的齐次变换矩阵

$$Rot_x(\theta) = \begin{pmatrix} \boldsymbol{R}_x(\theta) & \boldsymbol{0} \\ \boldsymbol{0} & 1 \end{pmatrix}$$

绕 Y 轴旋转 θ 对应的齐次变换矩阵

$$Rot_y(\theta) = \begin{pmatrix} \boldsymbol{R}_y(\theta) & \boldsymbol{0} \\ \boldsymbol{0} & 1 \end{pmatrix}$$

绕 Z 轴旋转 θ 对应的齐次变换矩阵

$$Rot_z(\theta) = \begin{pmatrix} \boldsymbol{R}_z(\theta) & \boldsymbol{0} \\ \boldsymbol{0} & 1 \end{pmatrix}$$

同时，可以证明，连续相对运动的齐次变换矩阵可按照相对运动的顺序连续右乘各次运动的齐次变换矩阵，即

$${}^0\boldsymbol{A}_n = {}^0\boldsymbol{A}_1\,{}^1\boldsymbol{A}_2\cdots{}^{n-1}\boldsymbol{A}_n$$

2.2　坐标系定义

为建立空间机械臂各部件之间的位姿关系，首先需明确各刚体的坐标系，本节介绍机械臂坐标系的建立方法。空间机械臂系统中常用的坐标系包括惯性坐标系、基体坐标系、关节坐标系、末端坐标系等，本节定义空间机械臂的坐标系建立方法，并通过由方向余弦矩阵构成的矩阵表示各坐标系间的变换关系，为后文的运动学和动力学建模奠定基础。

图 2-2 所示为一链式空间机械臂系统，由基座和 n 个臂杆组成，臂杆间通过关节连接，臂杆 n 处连接有末端执行器，定义机械臂系统坐标系如下：系统惯性坐标系 $\{\Sigma_I\}$，对于空间机械臂一般由星体坐标系确定；基座坐标系 $\{\Sigma_0\}$，原点位于基座质心，通常根据机械臂的安装位置进行确定；末端坐标系 $\{\Sigma_E\}$，原点位于末端执行器操作中心，根据操作任务以及目标坐标系方向确定三轴方向。对于每个臂杆，定义成对的两个关节坐标系：臂杆出端坐标系 $\{\Sigma_i^*\}$，与臂杆 $i-1$ 固连，原点位于关节 i 转轴和臂杆轴线交点处，z 轴为关节轴方向，x 轴指向关节 $i+1$；臂杆入端坐标系 $\{\Sigma_i\}$，与臂杆 i 固连，关节坐标为零时与 $\{\Sigma_i^*\}$ 重合，运动时相对 $\{\Sigma_i^*\}$ 沿 z 轴平移或旋转，其建立规则如下：

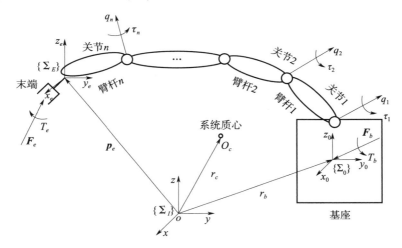

图 2-2　空间机械臂坐标系系统

1）对于关节 i，固定连接 $\{\Sigma_i\}$ 和 $\{\Sigma_i^*\}$ 两个坐标系。在初始位置（关节转角为 0）$\{\Sigma_i^*\}$ 与 $\{\Sigma_i\}$ 位置和方向重合；

2）坐标系 $\{\Sigma_i\}$ 的 z_i 轴为关节 i 的旋转轴；

3）x_i 轴沿过 z_i 和 z_{i+1} 轴的公法线方向，z_{i+1} 与 z_i 平行时，x_i 的方向从 z_i 指向 z_{i+1}，当 z_{i+1} 与 z_i 垂直时，x_i 的方向与 $z_{i+1} \times z_i$ 平行或反向平行；

4）y_i 轴与 x_i 轴及 z_i 轴垂直，并遵循右手定则；

5）坐标系 F_i 的原点 O_i 为 z_i 和 z_{i+1} 的交点或公垂线与 z_i 的交点；

6）a_i 为机械臂坐标系 $\{\Sigma_i^*\}$ 相对于 $\{\Sigma_i\}$ 的位移。

在运动方程推导过程中，为了方便说明，另定义质心本体坐标系 $\{\Sigma_{cmi}\}$ 和质心惯性

系 $\{\Sigma_{Oi}\}$ 作为辅助。质心本体系 $\{\Sigma_{cmi}\}$ 原点在臂杆 i 质心，方向与 $\{\Sigma_i\}$ 一致；质心惯性系 $\{\Sigma_{Oi}\}$ 原点在臂杆 i 质心，方向同惯性系。

2.3　空间机械臂运动学问题

空间机械臂的运动学问题是研究机械臂关节空间 $[q\ \ \dot{q}]$ 与机械臂操作空间 $[x\ \ \dot{x}]$ 的关系，其中 $q = [q_1\ \cdots\ q_n]^T$ 表示机械臂关节角度，$\dot{q} = [\dot{q}_1\ \cdots\ \dot{q}_n]^T$ 表示关节速度，$x = [D\ \ \theta]^T$ 表示末端位姿，$\dot{x} = [V\ \ \omega]^T$ 表示末端速度和角速度。

2.3.1　正运动学问题

空间机械臂正运动学问题是指已知机械臂的构型参数和关节角度，求取机械臂末端的位置和姿态。换言之，对于一确定的机械臂，已知其各时刻的关节角度，则可以根据正运动学方程求取其任一时刻的末端位姿。对于正运动学问题，可以通过齐次矩阵的连续变换得到

$$^0A_n = {}^0A_1(q_1)\,{}^1A_2(q_2)\cdots{}^{n-1}A_n(q_n) \tag{2-9}$$

并由此得到末端位姿与关节角度的关系。

2.3.2　逆运动学问题

逆运动学问题是已知机械臂的末端状态 $[x\ \ \dot{x}]$ 求解关节空间 $[q\ \ \dot{q}]$ 的过程。机械臂逆运动学分析的实质就是寻找正运动方程的逆解。机械臂逆运动学相对更加重要，是进行机械臂运动路径规划与控制的基础。

在已知机械臂构型的情况下求解机械臂的运动学逆解，需要根据机械臂的特征关系逐步开始推导，需要利用大量的三角函数关系，对于具备较高自由度的机械臂，该种方式显得更为复杂，并可能会得到多个解。

在式（2-9）中，给出 ^0A_n 需要求解 q，由于末端的位姿包含了 6 个已知数，因此可以得到 6 个独立的方程，同时包含有 n 个未知数，对此进行分析可得到：

- 当 $n < 6$ 时，式（2-9）不是对任意的 ^0A_n 都有解，该机械臂为欠自由度的机械臂；
- 当 $n = 6$ 时，式（2-9）对 ^0A_n 都有解（有限或无穷），但需保证对所有解都有物理意义，该机械臂为 6 自由度的机械臂；
- 当 $n > 6$ 时，式（2-9）对 ^0A_n 有无穷多解，需要增加限制条件获得唯一解，该机械臂为冗余自由度机械臂。

考虑到求解逆运动学的问题，空间机械臂在应用时通常使用雅可比矩阵的求解策略。雅可比矩阵定义为机械臂末端操作空间的速度与关节速度的线性变换关系，即

$$\dot{x} = J(q)\dot{q} \tag{2-10}$$

其中，$J(q)$ 称为机械臂的雅可比矩阵，为 $6 \times n$ 的矩阵，其中前 3 行代表机械臂末端线速度的传递比，后 3 行代表了机械臂末端角速度的传递比，其可表示为

$$\dot{x} = \begin{pmatrix} V \\ \omega \end{pmatrix} = J(q)\dot{q} = \begin{pmatrix} J_{a1} & J_{a2} & \cdots & J_{an} \\ J_{b1} & J_{b2} & \cdots & J_{bn} \end{pmatrix} \begin{pmatrix} q_1 \\ q_2 \\ \vdots \\ q_n \end{pmatrix}$$

雅可比矩阵中的元素 J_{ai} 表明了关节 i 运动对末端线速度的影响，J_{bi} 表明了关节 i 运动对末端角速度的影响，雅可比矩阵可以通过矢量积法和微分变换法求得。求解运动学逆解时，可能遇到以下情况：

• 当 $n < 6$ 时，$J(q)$ 满秩但方程个数多于未知数个数，故可能是无解，此时可以使用最小误差方法求出 $\dot{q} = (JJ^T)^{-1}J^T\dot{x}$ ；

• 当 $n = 6$ 时，$J(q)$ 满秩，可以求出 $J^{-1}(q)$ ，故有 $\dot{q} = J^{-1}\dot{x}$ ；

• 当 $n > 6$ 时，$J(q)$ 满秩但方程个数小于未知数个数，故有无穷解，采用加权最小范数法可求出 $\dot{q} = D^{-1}J^T(JD^{-1}J^T)^{-1}\dot{x}$ ，其中 D 为实现给定的对称正定矩阵。

根据上述求解得到 $\dot{q}$ ，即各关节运动速度，在此基础上可以通过积分方式获取当前计算角度 q 。

2.4　空间机械臂运动规划

2.4.1　规划问题描述

空间机械臂运动规划是根据任务需求，研究机械臂笛卡儿空间或关节空间中的每一时刻的运动轨迹的生成方法，包括了运动位置、速度和加速度信息，使得机械臂可以按照特定的规划轨迹、速度、加速度运动。

运动规划问题可以理解成根据给定的期望位姿、速度、加速度和时间中任意三项，求另外一项的数学问题。

通常将机械臂的运动定义为机械臂末端坐标系相对于机械臂基座坐标系的运动，对于抓放作业（Pick and Place Operation）的机械臂，主要关注机械臂的起始状态和目标状态，即末端坐标系的起始值 $\{T_0\}$ 和目标值 $\{T_g\}$ ，此类运动称之为点到点运动（Point - To - Point，PTP）。对于另外一些作业，不仅要规定机械臂的起始点和终止点状态，还要给定足够的中间点状态或完整的曲线方程，这类运动称为轮廓运动（Contour Motion）规划和连续路径（Continuous - Path Motion）规划。

空间机械臂的运动规划可以在笛卡儿空间中进行，也可以在关节空间中进行。其中，笛卡儿空间是指以机械臂末端的位置、速度、姿态、角速度、加速度和角加速度为被控对象，计算出机械臂末端运动轨迹特征；关节空间是指在关节坐标系中，以各个关节的位置、速度、角度、角速度、加速度和角加速度为被控对象，计算出每个关节的运动轨迹特征。相比于笛卡儿空间的规划，关节空间的应用更具灵活性，但会导致机械臂末端轨迹的不确定，需要根据使用需求进行选择。

机械臂运动规划的一个重要应用是使机械臂在运动过程中更加平稳，也可称之为运动连续。这是因为，在空间环境中，质量和惯量对机械臂运动的平稳性有很大的影响，平滑的加速度或速度可以使机械臂在运动时避免因速度、加速度变化引起机械臂的振荡，造成机械臂的运动平稳性下降。

2.4.2　运动轨迹选取

为保证空间机械臂运动过程的平稳性，需要对关节轨迹或末端轨迹进行插值，本节将介绍空间机械臂中常用的两种插值方法。

（1）三次多项式插值（加速度连续）

插值函数的平滑函数有很多，三次多项式差值方法简单实用，可以实现加速度连续。以关节空间规划为例，在 $t = t_0$ 时刻的值是起始关节角度 $\theta_{i\text{int}}$，在终止时刻 t_f 的值是终止关节角度 $\theta_{i\text{end}}$。

为了实现关节的平稳运动，轨迹函数 $\theta(t)$ 至少需要满足四个约束条件。其中，两个约束条件是起始点和终止点对应的关节角度

$$\begin{cases} \theta(0) = \theta_0 \\ \theta(t_f) = \theta_f \end{cases} \tag{2-11}$$

为了满足关节运动速度的连续性要求，另外还有两个约束，即在起始点和终止点的关节角速度要求，在当前情况下，规定

$$\begin{cases} \dot{\theta}(0) = 0 \\ \dot{\theta}(t_f) = 0 \end{cases} \tag{2-12}$$

上述四个边界条件唯一确定了一个三次多项式

$$\theta(t) = a_0 + a_1 t + a_2 t^2 + a_3 t^3 \tag{2-13}$$

式中，a_0，a_1，a_2，a_3 为待定系数。运动轨迹上关节角速度和角加速度则为

$$\begin{cases} \dot{\theta}(t) = a_1 + 2a_2 t + 3a_3 t^2 \\ \ddot{\theta}(t) = 2a_2 + 6a_3 t \end{cases} \tag{2-14}$$

根据式（2-13）和式（2-14），并代入相应的约束条件，得到有关系数 a_0，a_1，a_2，a_3 的四个线性方程

$$\begin{cases} \theta_0 = a_0 \\ \theta_f = a_0 + a_1 t_f + a_2 t_f^2 + a_3 t_f^3 \\ 0 = a_1 \\ 0 = a_1 + 2a_2 t_f + 3a_3 t_f^2 \end{cases} \tag{2-15}$$

求解上述方程可得

$$\begin{cases} a_0 = \theta_0 \\ a_1 = 0 \\ a_2 = \dfrac{3}{t_f^2}(\theta_f - \theta_0) \\ a_3 = -\dfrac{2}{t_f^3}(\theta_f - \theta_0) \end{cases} \tag{2-16}$$

（2）梯形插值方法（速度连续）

在笛卡儿空间下，操作机械臂进行直线运动规划时，为保证机械臂末端速度的连续变化，可采用梯形插值方法。有时为了保证加速度连续，会在梯形插值的基础上增加抛物线过渡，但这会增加系统的运算代价，对于控制器的计算精度提出了很高的要求，在实际使用时，通常的梯形插值可以满足系统要求，因此本节只介绍梯形插值的一般方法。

定义当前时间为 t、操作机械臂当前位移 f_d，由初始点 P_0 和终止点 P_f 坐标（见图 2-3）计算出首末端直线距离长度为

$$\text{dist} = \sqrt{\sum_{i=x,y,z}(P_{f,i} - P_{0,i})^2} \tag{2-17}$$

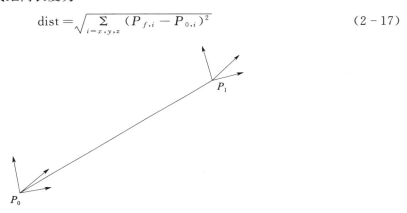

图 2-3　机械臂末端运行轨迹

按照梯形法（速度连续）规划其运行路径，设起点和终点时刻为 0 和 t_f，加速时间为 t_s，加速段和减速段曲线的过渡点时刻为 t_s、$t_f - t_s$，最大速度为 v_m，终点对应的位移为 d_f。由于曲线具有对称性，加减速时间相同。其运行轨迹如图 2-4 所示。

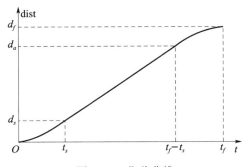

图 2-4　位移曲线

设 $t_a = t_f - t_s$ ，则 $v_m = d_f / t_a$ 。

根据上述已知变量求出其他变量及曲线函数。位移曲线各段的函数表达式为

$$
d_t = \begin{cases}
(v_m / (2t_s)) \cdot t^2 & (t < t_s) \\
[v_m \cdot t_s / 2 + v_m \cdot (t_a^2 + t_f^2) / (2t_s) - v_m \cdot t_f \cdot t_a / t_s - d_f] \cdot (t - t_s) / (t_s - t_a) \\
\quad + v_m \cdot t_s / 2 & (t_s \leqslant t < t_a) \\
- v_m \cdot t^2 / (2t_s) + v_m \cdot t_f \cdot t / t_s + d_f - v_m \cdot t_f^2 / (2t_s) & (t_a \leqslant t \leqslant t_f)
\end{cases}
$$

$$(2 - 18)$$

2.4.3　关节空间运动规划

关节空间运动规划不涉及求解逆运动学问题，仅在关节空间通过给定关节角、角速度、加速度或时间，计算出运动轨迹。本节以三次多项式拟合轨迹给出空间机械臂关节空间运动规划，根据初始关节角度、目标关节角度、运动时间等信息，计算出关节每个周期的规划角速度、关节规划角度。

根据已知的起始关节角度和终止关节角度，可以设计出单关节位置规划算法流程如下：

1）已知初始关节角度 θ_0 、目标关节角度 θ_f 、运动时间 t_f 、运动规划周期 Δt ；

2）计算运动总步数 $N = \dfrac{t_f}{\Delta t}$ ；

3）确认下一步步数（第 K 步）及对应时间 $t(K) = K \times \Delta t$ ， $K \leqslant N$ ；

4）根据式（2-13）和式（2-11）求出第 K 步的关节角度 $\theta(K)$ ；

5）对关节角度差分求出关节角速度： $\dot{\theta}(K) = \dfrac{\theta(K) - \theta(K-1)}{\Delta t}$ ；

6）判断步数 K 与 N 的关系，如果 $K = N$ ，则完成规划；否则步数增加 1 后返回到第 3）步循环，直到计算结束。

2.4.4　笛卡儿空间运动规划

笛卡儿空间路径规划主要实现空间机械臂末端点（末端坐标系）从给定的初始位姿到达期望的终止位姿，依据运动轨迹又可以分为点到点运动规划和轨迹跟踪运动规划。点到点运动规划只关心特定点上的末端位姿（位置/姿态）、速度/角速度等运动特性，轨迹跟踪运动规划则关心整个路径上的末端位姿、速度/角速度等运动特性。轨迹跟踪运动规划可进一步分为直线运动规划、圆弧运动规划、约束曲线运动规划等，这些规划的不同之处主要在于末端的轨迹不同，但算法流程相同，本书仅以固定基座状态下的直线运动规划为例进行说明。

（1）输入条件

定义基坐标系下的末端初始位姿为 $PE_{int}([P_{int}, E_{int}])$ 、终止期望位姿 $PE_{des}([P_{des}, E_{des}])$ 、期望末端线速度 v_m 和角速度 ω_m 、期望末端线加速度 a 和角加速度 α 、运动规划周期为 Δt 、当前末端位姿为 PE_{POR} 。

（2）规划流程

分别对笛卡儿空间下机械臂末端点的位置和姿态进行规划，并根据时间最大原则判断规划的总时间 t_f，根据运动规划周期计算出第 K 步末端线速度和角速度，利用雅可比矩阵 $\boldsymbol{J}$ 求出机械臂末端速度对应的关节角速度，并通过积分得出对应关节角度。

①线速度规划时间计算

由末端初始位置 P_{int} 和终止期望位置 P_{des} 得到末端位置偏差为

$$d = \sqrt{\sum_{i=x,y,z}(P_{\text{des},i} - P_{\text{int},i})^2} \qquad (2-19)$$

则线速度约束下直线规划加速时间

$$t_{s1} = v_m/a \qquad (2-20)$$

线速度约束下直线规划总时间

$$t_{f1} = d/v_m + t_{s1} \qquad (2-21)$$

②角速度规划时间计算

首先求出首末两端姿态指向偏差，并转化为用四元数表示的轴角关系。然后，采用梯形法规划机械臂末端各轴向的速度，进而可得每个控制周期内的末端规划角速度。

对末端角速度进行规划，按 ZYX 欧拉角定义机械臂末端初始姿态和终止期望位姿为 $\boldsymbol{E}_{\text{int}} = (\alpha_{e0}\ \beta_{e0}\ \gamma_{e0})$ 和 $\boldsymbol{E}_{\text{des}} = (\alpha_{ef}\ \beta_{ef}\ \gamma_{ef})$，有

$$\begin{cases} \boldsymbol{A}_{e0} = \boldsymbol{R}_z(\alpha_{e0})\boldsymbol{R}_y(\beta_{e0})\boldsymbol{R}_x(\gamma_{e0}) = [\boldsymbol{n}_0, \boldsymbol{o}_0, \boldsymbol{a}_0] \\ \boldsymbol{A}_{ef} = \boldsymbol{R}_z(\alpha_{ef})\boldsymbol{R}_y(\beta_{ef})\boldsymbol{R}_x(\gamma_{ef}) = [\boldsymbol{n}_f, \boldsymbol{o}_f, \boldsymbol{a}_f] \end{cases} \qquad (2-22)$$

则末端姿态偏差为

$$\boldsymbol{e}_0 = \frac{1}{2}(\boldsymbol{n}_0 \times \boldsymbol{n}_f + \boldsymbol{o}_0 \times \boldsymbol{o}_f + \boldsymbol{a}_0 \times \boldsymbol{a}_f) \qquad (2-23)$$

定义，$\boldsymbol{r} = \dfrac{\boldsymbol{e}_0}{|\boldsymbol{e}_0|}$，$\varphi_0 = \arcsin(|\boldsymbol{e}_0|)$，有

$$\boldsymbol{e}_0 = \boldsymbol{r}\sin\phi_0 \qquad (2-24)$$

则角速度约束下直线规划加速时间

$$t_{s2} = \omega_m/\alpha \qquad (2-25)$$

角速度约束下直线规划总时间

$$t_{f2} = \phi_0/\omega_m + t_{s2} \qquad (2-26)$$

③计算末端期望速度

当 $t_{f1} \geqslant t_{f2}$，则 $t_f = t_{f1}$，$t_s = t_{s1}$。此时应按照位置曲线进行规划，对姿态规划进行比例处理，运动规划总步数 $N = \dfrac{t_f}{\Delta t}$。

设置初始末端期望线速度 $\boldsymbol{v}_e = [0\ \ 0\ \ 0]$，末端期望角速度 $\boldsymbol{w}_e = [0\ \ 0\ \ 0]$。下一步步数（第 K 步）对应时间为：$t(K) = K \times \Delta t(K \leqslant N)$，由式（2-19）可得到第 K 步的期望位置 $d_t(K)$。末端当前位置为 $P_{\text{now}} = PE_{POR}(i=1:3)$，并可得当前直线距离

$$d_0 = \sqrt{\sum_{i=x,y,z}(P_{\text{now},i} - P_{\text{int},i})^2} \qquad (2-27)$$

则第 K 步末端线速度可表示为

$$v_e(K) = (P_{des} - P_{int}) \cdot \frac{d_t(K) - d_0}{d} \cdot \frac{1}{\Delta t} \qquad (2-28)$$

第 K 步末端角速度通过插值方法获取可表示为

$$\omega_e(K) = r\left(\phi(t(K)) \cdot \frac{d_t(K)}{d}\right)' \qquad (2-29)$$

同理，当 $t_{f2} \geqslant t_{f1}$ ，则 $t_f = t_{f2}$ ， $t_s = t_{s2}$ 。此时应按照姿态曲线进行规划，对位置规划进行比例处理。

④求解关节角速度

根据规划的末端运动速度，用运动学逆解的方法求出关节角速度，机械臂的期望关节角速度为

$$\dot{q}_{md} = J^{-1}\begin{pmatrix} v_e \\ \omega_e \end{pmatrix} \qquad (2-30)$$

则期望的关节角为

$$q_{md} = q_m + \dot{q}_{md}\Delta t \qquad (2-31)$$

判断步数 K 与 N 的关系，如果 $K = N$ ，则完成规划；否则步数增加 1 后返回到第③步循环。

具体流程图如图 2-5 所示。

2.4.5 冗余机械臂避关节极限和避奇异

自由度超过 6 个的空间机械臂，称作冗余机械臂。冗余空间机械臂的突出优点是能够利用冗余自由度来完成空间复杂环境所要求的附加功能，如避关节极限、避奇异、避障碍以及优化关节力矩等。本书以最常见的 7 自由度空间机械臂为例介绍避关节极限和避奇异方法。

2.4.5.1 避关节极限

对于冗余机械臂或处于奇异位置的非冗余机械臂而言，雅可比矩阵非列满秩，只能求其广义逆。由于其逆运动学有无穷个解，可求得能量最小的最小范数解。但是机械臂的各个关节由于机械干涉等原因实际上存在运动极限位置，每一个关节都有一个运动范围，因此，在某些情况下，最小范数解并不能满足要求，即根据公式求出的解在控制机械臂运动时并不能实现，在机械臂的末端还没有达到期望的空间位置的时候，一个或多个关节已经超出了机械臂实际能够达到的极限。为此，为了完成预定的任务，需要对其进行优化，利用冗余机械臂的冗余关节以及因此而特有的自运动能力，在保持末端位姿不变的情况下，通过机械臂的自运动，调整机械臂的关节，可使机械臂各关节始终处于运动允许的范围内。

根据空间机械臂的逆运动学方程，机械臂末端速度和关节速度之间的关系可以由下面的运动学方程描述

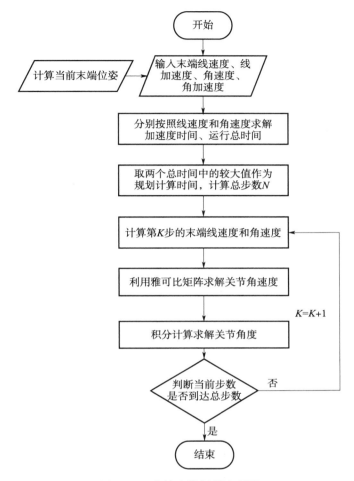

图 2-5 末端直线规划流程图

$$\dot{x} = J(q)\dot{q} \tag{2-32}$$

其中，$\dot{x}$，$\dot{q}$，J 分别是机械臂操作空间的末端速度、关节速度和雅可比矩阵。对于冗余度机械臂，有 $m < n$。因此，满足上式的逆运动学有无穷多个解，即对于给定的 $\dot{x}$，存在无穷组关节角速度向量 $\dot{q}$ 满足上式。

关节速度可由下式计算

$$\dot{q} = J^+ \dot{x} + (I - J^+ J)\alpha \tag{2-33}$$

这里，J^+ 是雅可比矩阵的 Moore-Penrose 广义逆，$J^+ \dot{p}$ 是方程的最小范数解。也就是说方程的解 $\dot{q}$ 具有最小的欧拉范数。$(I - J^+ J)\alpha \in N(J)$ 是方程的齐次解，$N(J)$ 是雅可比矩阵 J 的零空间。$\alpha \in \mathbf{R}^n$ 是任意向量。齐次解对应机械臂的自运动，不会引起任何末端运动。

利用冗余特性来实现避关节极限运动规划，通常可通过对机械臂的性能指标进行全局或局部优化来完成。因为全局优化方法需要事先知道机械臂的完整轨迹信息，且算法复杂，实时性差，在需要根据传感器的信息反馈不断进行轨迹修正的场合中，全局优化效率较低。相比而言，尽管局部优化方法可能无法实现最优关节轨迹规划，但由于其计算的实时性，仍然是在线控制最适合的优化方法。

在局部优化方法中，梯度投影法（Gradient Projection Method，GPM）和加权最小范数法（Weighted Least – Norm，WLN）是两种最常用的方法。

（1）梯度投影法

设 $\boldsymbol{\Phi}(\boldsymbol{q})$ 为与任务目标相关的性能函数，以 $k\,\nabla\boldsymbol{\Phi}(\boldsymbol{q})$ 替换式（2-33）中的自由向量 $\boldsymbol{\alpha}$，可以得到

$$\dot{\boldsymbol{q}} = \boldsymbol{J}^+\,\dot{\boldsymbol{x}} + k(\boldsymbol{I} - \boldsymbol{J}^+\boldsymbol{J})\,\nabla\boldsymbol{\Phi}(\boldsymbol{q}) \tag{2-34}$$

上式中的系数 k 是一个常量实数，$\nabla\boldsymbol{\Phi}(\boldsymbol{q})$ 是 $\boldsymbol{\Phi}(\boldsymbol{q})$ 的梯度向量，有如下形式

$$\nabla\boldsymbol{\Phi}(\boldsymbol{q}) = \left[\frac{\partial\boldsymbol{\Phi}}{\partial q_1},\quad \frac{\partial\boldsymbol{\Phi}}{\partial q_2},\quad \cdots,\quad \frac{\partial\boldsymbol{\Phi}}{\partial q_n}\right]^{\mathrm{T}} \tag{2-35}$$

避关节极限性能指标 $\boldsymbol{\Phi}(\boldsymbol{q})$ 为

$$\boldsymbol{\Phi}(\boldsymbol{q}) = \sum_{i=1}^{n} \frac{1}{4} \frac{(q_{\max}[i] - q_{\min}[i])^2}{(q_{\max}[i] - q[i])(q[i] - q_{\min}[i])} \tag{2-36}$$

上式中，关节角接近极限位置时，$\boldsymbol{\Phi}(\boldsymbol{q})$ 趋于无穷大，可以自动地给出它们的权值。上式中每一项对应一个关节，对于每个关节，如果关节角处于关节运动范围的中间位置，那么其对应项的值就是 1，如果接近关节运动方位的极限位置，其对应项就趋于无穷大。

（2）加权最小范数法

为了限制不利的关节自运动，定义关节速度向量的加权范数如下

$$|\dot{\boldsymbol{q}}|_w = \sqrt{\dot{\boldsymbol{q}}^{\mathrm{T}}\boldsymbol{W}\dot{\boldsymbol{q}}} \tag{2-37}$$

其中，$\boldsymbol{W}$ 是加权矩阵，它是一个正的对称矩阵。在大多数情况下，为了简便起见，它是一个对角阵。

引进变换

$$\boldsymbol{J}_w = \boldsymbol{J}\boldsymbol{W}^{-1/2} \text{ 和 } \dot{\boldsymbol{q}}_w = \boldsymbol{W}^{1/2}\dot{\boldsymbol{q}} \tag{2-38}$$

使用上述变换，式（2-32）可重写为

$$\dot{\boldsymbol{x}} = \boldsymbol{J}\dot{\boldsymbol{q}} = \boldsymbol{J}\boldsymbol{W}^{-1/2}\boldsymbol{W}^{1/2}\dot{\boldsymbol{q}} = \boldsymbol{J}_w\dot{\boldsymbol{q}}_w \tag{2-39}$$

这个方程的最小范数解是

$$\dot{\boldsymbol{q}}_w = \boldsymbol{J}_w^+\dot{\boldsymbol{x}},\ |\dot{\boldsymbol{q}}|_w = \sqrt{\dot{\boldsymbol{q}}_w^{\mathrm{T}}\dot{\boldsymbol{q}}_w} \tag{2-40}$$

由伪逆的定义有 $\boldsymbol{J}^+ = \boldsymbol{J}^{\mathrm{T}}(\boldsymbol{J}\boldsymbol{J}^{\mathrm{T}})^{-1}$

所以

$$\begin{aligned}
\dot{\boldsymbol{q}} &= (\boldsymbol{W}^{1/2})^{-1}\dot{\boldsymbol{q}}_w = (\boldsymbol{W}^{1/2})^{-1}\boldsymbol{J}_w^+\dot{\boldsymbol{x}} = (\boldsymbol{W}^{1/2})^{-1}\boldsymbol{J}_w^{\mathrm{T}}(\boldsymbol{J}_w\boldsymbol{J}_w^{\mathrm{T}})^{-1}\dot{\boldsymbol{x}} \\
&= \boldsymbol{W}^{-1/2}(\boldsymbol{J}\boldsymbol{W}^{-1/2})^{\mathrm{T}}(\boldsymbol{J}\boldsymbol{W}^{-1/2}(\boldsymbol{J}\boldsymbol{W}^{-1/2})^{\mathrm{T}})^{-1}\dot{\boldsymbol{x}} \\
&= \boldsymbol{W}^{-1/2}\boldsymbol{W}^{-1/2}\boldsymbol{J}^{\mathrm{T}}(\boldsymbol{J}\boldsymbol{W}^{-1/2}\boldsymbol{W}^{-1/2}\boldsymbol{J}^{\mathrm{T}})^{-1}\dot{\boldsymbol{x}} = \boldsymbol{W}^{-1}\boldsymbol{J}^{\mathrm{T}}(\boldsymbol{J}\boldsymbol{W}^{-1}\boldsymbol{J}^{\mathrm{T}})^{-1}\dot{\boldsymbol{x}}
\end{aligned} \tag{2-41}$$

上式就是方程的加权最小范数解，其中雅可比矩阵是满秩的。

权值矩阵通常取为对角矩阵，它的形式如下

$$\boldsymbol{W} = \begin{pmatrix} w_1 & 0 & 0 & \cdots & 0 \\ 0 & w_2 & 0 & \cdots & 0 \\ \vdots & \vdots & \vdots & \ddots & \vdots \\ 0 & 0 & 0 & \cdots & w_n \end{pmatrix} \qquad (2-42)$$

其中，w_i 为对角矩阵 $\boldsymbol{W}$ 中的元素，它定义成如下形式

$$w_i = 1 + \left| \frac{\partial \boldsymbol{\Phi}(\boldsymbol{q})}{\partial q_i} \right| \qquad (2-43)$$

其中

$$\frac{\partial \boldsymbol{\Phi}(\boldsymbol{q})}{\partial q_i} = \frac{(q_{\max}[i] - q_{\min}[i])^2 (2q[i] - q_{\max}[i] - q_{\min}[i])}{4 (q_{\max}[i] - q[i])^2 (q[i] - q_{\min}[i])^2}$$

可以看出，当关节角 i 处于关节范围的中间位置的时候，$\partial \boldsymbol{\Phi}(\boldsymbol{q})/\partial q_i$ 的值为零；当关节角度值处于任意极限位置时，$\partial \boldsymbol{\Phi}(\boldsymbol{q})/\partial q_i$ 的值趋向于无穷大。所以，根据 w_i 的定义，当关节角 i 处于关节范围的中间位置的时候，w_i 的值为 1；当关节角度值处于任意极限位置时，w_i 的值趋向于无穷大。因此，如果某个关节接近极限位置，它的权值变大，则导致该关节速度相对变小。当关节位置非常接近极限位置时，它的权值就接近于无穷大，相应的关节则停止运动，这样就能保证关节不会超出极限位置。

按照上述的加权最小范数法，无论是向着关节极限的方向运动，还是向离开关节极限位置的方向运动，其处理方法是一样的。如果关节是向离开极限位置的方向运动，即使 $|\partial \boldsymbol{\Phi}(\boldsymbol{q})/\partial q_i|$ 的值非常大，也没有必要消除这种运动。在这种情况下，让关节自由运动，将会使机械臂的冗余特性对其他目的（比如避障）非常有用。考虑到这个因素，可以重新定义 w_i 为如下形式

$$w_i = \begin{cases} 1 + \left| \dfrac{\partial \boldsymbol{\Phi}(\boldsymbol{q})}{\partial q_i} \right|, & \text{if } \Delta \left| \dfrac{\partial \boldsymbol{\Phi}(\boldsymbol{q})}{\partial q_i} \right| \geqslant 0 \\ 1, & \text{if } \Delta \left| \dfrac{\partial \boldsymbol{\Phi}(\boldsymbol{q})}{\partial q_i} \right| < 0 \end{cases} \qquad (2-44)$$

从上式可以看出，w_i 并不是关节角的连续函数。当 $\Delta|\partial \boldsymbol{\Phi}(\boldsymbol{q})/\partial q_i|$ 的符号改变时，它可能是不连续的。注意到，当关节向极限方向运动时，$\Delta|\partial \boldsymbol{\Phi}(\boldsymbol{q})/\partial q_i|$ 的值增加。当关节速度为零时，$\Delta|\partial \boldsymbol{\Phi}(\boldsymbol{q})/\partial q_i|$ 的值为零。当关节向着离开关节极限的方向，$\Delta|\partial \boldsymbol{\Phi}(\boldsymbol{q})/\partial q_i|$ 为负值。因此有下面两种可能的情况：

1) 在关节运动范围的中间位置，对于 $\Delta|\partial \boldsymbol{\Phi}(\boldsymbol{q})/\partial q_i| \geqslant 0$ 和 $\Delta|\partial \boldsymbol{\Phi}(\boldsymbol{q})/\partial q_i| < 0$，都有 $w_i = 0$，因此 w_i 不存在不连续性；

2) 若关节从其运动范围的中间位置离开，当 $\Delta|\partial \boldsymbol{\Phi}(\boldsymbol{q})/\partial q_i|$ 改变符号时，w_i 的值要么从 1 变为比它大的值，要么从一个很大的正值变为 1。由于在这些点相应的关节速度为 0，这种变化并不影响它的连续性。

因此，把 w_i 定义成不连续的形式，并不影响关节速度的连续性。

如果给定的任务要求运动有连续的关节加速度，可以确定一个函数，使其在 $\Delta|\partial \boldsymbol{\Phi}(\boldsymbol{q})/\partial q_i| \geqslant 0$ 和 $\Delta|\partial \boldsymbol{\Phi}(\boldsymbol{q})/\partial q_i| < 0$ 之间平滑过渡。因为权值矩阵被定义成对角矩

阵的形式，所以它的逆矩阵也是对角矩阵的形式，逆矩阵的各项是其对应项的倒数。因此，加权最小范数法的计算量比梯度投影法的计算量要小，因为在梯度投影法中，还要计算齐次解。

2.4.5.2　避奇异

奇异点是机械臂运动空间的边缘或奇点，它对应于雅可比矩阵非列满秩的情形。空间机械臂发生了奇异，意味着末端运动空间的降维，机械臂将失去某些方向的运动能力，其灵活性将降低。此外，如果不对奇异情况做适当处理，可能引起处理器求解错误，或者关节低幅振颤，易引起软硬件故障。因此，为了避奇异必须使得空间机械臂有较好的灵活性。我们以可操作度来反映空间机械臂的灵活性，可操作度定义为 $w = \sqrt{\det(\boldsymbol{J}\boldsymbol{J}^{\mathrm{T}})}$ ，其中 $\boldsymbol{J}$ 为空间机械臂系统雅可比矩阵。

为改善机械臂的灵活性，采用梯度投影法进行机械臂运动规划，其中优化性能指标以 $k_c \nabla w$ 替换方程（2-33）中的自由向量 $\boldsymbol{\alpha}$ ，则可得到一般优化算法表示式

$$\dot{\boldsymbol{q}} = \boldsymbol{J}^+ \dot{\boldsymbol{x}} + k_c \cdot (\boldsymbol{I} - \boldsymbol{J}^+ \boldsymbol{J}) \nabla w \qquad (2-45)$$

式中，$\dot{\boldsymbol{q}}$ 和 $\dot{\boldsymbol{x}}$ 分别为关节和末端速度，$\boldsymbol{J}^+ \dot{\boldsymbol{x}}$ 为保持末端运动轨迹的最小范数解，$k_c \cdot (\boldsymbol{I} - \boldsymbol{J}^+ \boldsymbol{J}) \nabla w$ 为不改变末端运动的齐次解，其中 k_c 为优化项系数，∇w 为 w 的梯度。

令 $\boldsymbol{q} = (q_1, \cdots, q_n)$ 为关节变量，则 w 是 $\boldsymbol{q}$ 的函数，w 对 $\boldsymbol{q}$ 的梯度可表示为

$$\nabla w(\boldsymbol{q}) = \frac{\partial w}{\partial \boldsymbol{q}} = \left(\frac{\partial w}{\partial q_1}, \cdots, \frac{\partial w}{\partial q_j}, \cdots, \frac{\partial w}{\partial q_n} \right)^{\mathrm{T}} \qquad (2-46)$$

由于 $\boldsymbol{J}$ 为 6×7 阶，非方阵，故令 $\boldsymbol{J}_p = \boldsymbol{J}\boldsymbol{J}^{\mathrm{T}}$ ，则 w 对 q_j 的偏导可表示为

$$\frac{\partial w}{\partial q_j} = \frac{\partial \sqrt{\det(\boldsymbol{J}\boldsymbol{J}^{\mathrm{T}})}}{\partial q_j} = \frac{\partial (\det(\boldsymbol{J}\boldsymbol{J}^{\mathrm{T}}))/\partial q_j}{2\sqrt{\det(\boldsymbol{J}\boldsymbol{J}^{\mathrm{T}})}} = \frac{\partial (\det(\boldsymbol{J}_p))/\partial q_j}{2w} \qquad (2-47)$$

令 $J_{pi}(i=1 \sim n)$ 表示矩阵 $\boldsymbol{J}_p$ 的第 i 列，则根据矩阵行列式性质可得

$$\frac{\partial \det[\boldsymbol{J}_p]}{\partial q_j} = \sum_{j=1}^{n} \det[\{J_{p1}, J_{p2}, \cdots, \frac{\partial J_{pi}}{\partial q_j}, \cdots, J_{pn}\}] \qquad (2-48)$$

其中，$\frac{\partial J_{pi}}{\partial q_j} = \left(\frac{\partial \boldsymbol{J}_p}{\partial q_j} \right)_i$ ，下标 i 表示 $\frac{\partial \boldsymbol{J}_p}{\partial q_j}$ 的第 i 列，而 $\frac{\partial \boldsymbol{J}_p}{\partial q_j}$ 可表示为

$$\frac{\partial \boldsymbol{J}_p}{\partial q_j} = \frac{\partial (\boldsymbol{J}\boldsymbol{J}^{\mathrm{T}})}{\partial q_j} = \frac{\partial \boldsymbol{J}}{\partial q_j}\boldsymbol{J}^{\mathrm{T}} + \boldsymbol{J}\frac{\partial \boldsymbol{J}^{\mathrm{T}}}{\partial q_j} = \frac{\partial \boldsymbol{J}}{\partial q_j}\boldsymbol{J}^{\mathrm{T}} + \boldsymbol{J}\left(\frac{\partial \boldsymbol{J}}{\partial q_j} \right)^{\mathrm{T}} (j=1 \sim n) \qquad (2-49)$$

通过以上对空间机械臂可操作度的优化，可以使得可操作值大大提高，即远离空间机械臂的奇异位型，从而实现空间机械臂的避奇异运动。

第 3 章　关节动力学建模与分析

空间机械臂关节作为空间机械臂的核心部件，要完成动力产生与传递、位置感知和机械连接三个任务，是保证机械臂运动能力、运动精度、运动平稳性以及运动安全性等一系列问题的关键。空间机械臂关节主要包括：动力源（通常是电机）、传动装置（通常是谐波齿轮、行星齿轮等减速器）、运动轴系、传感器（常见的有位置传感器、力矩传感器等）、线束管理装置、驱动与数据采集处理电路等部分。

空间机械臂的关节通常采用直流无刷电机、永磁同步电机等驱动形式。空间机械臂关节电机仅能提供几牛顿米以内的输出力矩，若电机直接驱动，输出力矩无法满足机械臂辅助转位、对接等任务中所需几百到上千牛顿米的力矩需求，这使得空间机械臂关节传动装置必须具备较大的传动比来提高关节的输出力矩。

空间机械臂的关节传动装置主要有谐波齿轮传动和行星齿轮传动两类。相较于谐波齿轮传动关节，行星齿轮传动关节因其具有承载能力大、可靠性高及寿命长等优点而被广泛应用于空间机械臂中。为了达到较高的传动比，行星齿轮传动关节一般采用多级或复合传动的形式，本书第 1 章中介绍了已经工程应用的各空间机械臂关节传动装置的组成，加拿大研制的航天飞机遥操作机械臂系统 SRMS、国际空间站遥操作机械臂系统 SSRMS 及荷兰研制的欧洲臂 ERA 的关节分别采用 2 级、3 级、4 级行星齿轮传动装置。然而，大传动比多级行星齿轮传动装置的结构复杂性给关节的传动参数分析和动力学建模都带来了困难。

3.1　关节建模方法

目前，针对空间机械臂关节动力学研究主要有两种研究思路：

1）基于简化模型的关节动力学建模方法。此方法将柔性关节简化成扭簧，不考虑传动装置内部动力传动关系，只考虑关节输入力矩与关节输出运动参数的关系。

2）基于精细模型的关节动力学建模方法。此方法深入分析传动装置各个部件间的受力、运动关系，考察部件与部件之间的各种非线性影响因素，建立整个关节的动力学模型，由此得到关节输入力矩与关节输出运动参数的关系。

3.1.1　基于简化模型的关节动力学建模方法

关节动力学的早期研究是将关节假设为线性扭簧，此模型无法涵盖齿轮传动装置的摩擦及间隙等非线性因素的影响。后来（1982 年），加拿大 SPAR 公司在研究 SRMS 关节动力学时，将关节简化为一个非线性扭簧，该扭簧刚度曲线由一段直线与一段抛物线组成

（见图 3 - 1），其中直线段斜率为关节稳定输出时的关节扭转刚度，直线段延长线与横轴的交点即为关节间隙角的一半，抛物线与直线交点（δ_1，T_1）则通过试验数据拟合获得。此扭转刚度模型综合考虑了刚度与间隙的影响，并通过试验数据拟合修正，可信程度大。

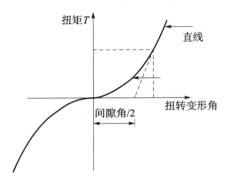

图 3 - 1　SRMS 关节扭转刚度模型

通过进一步研究，荷兰 Fokker 航天中心在关节模型中又引入摩擦力矩的影响，将电机自身的摩擦力矩与关节传动装置的摩擦力矩区别对待，关节摩擦力矩模型简化为图 3 - 2 所示的库仑摩擦模型，忽略非线性影响。日本宇宙航空研究开发机构也将 JEMRMS 关节简化为此类弹簧-阻尼器模型。

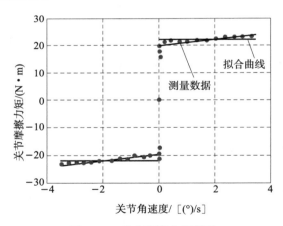

图 3 - 2　关节摩擦力矩模型

2008 年，北京邮电大学在建立柔性机械臂动力学模型时也将关节简化为非线性扭簧，并在此基础上建立关节控制系统。

关节简化模型忽略了实际关节中复杂的齿轮构型与受力关系，仅考虑关节宏观动力学特点。以此建立的关节控制系统结构简单，而对关节的非线性刚度特别是齿轮啮合刚度的时变特性无法准确描述，也不能解释关节的高频振动等现象，简化模型的各个参数均需通过试验测量获得，代价较大，关节简化模型对关节零部件的机械系统设计、减重及优化指导意义不大，难以获得关节内部传动的动力学特性。不过，由于该模型简单且能反映关节的宏观运动特点，所以在单关节控制系统的设计中应用较多。

3.1.2　基于精细模型的关节动力学建模方法

为了准确预测机械臂的动力学行为，需要用更高精度的机械臂关节动力学模型来反映真实动力学特性，因此需要建立更加细化的、全面考虑关节非线性影响因素的关节模型。

多级行星齿轮传动装置动力学建模一般参照齿轮的动力学建模方法。影响齿轮啮合的非线性因素主要包括时变啮合刚度、传动误差、齿侧间隙和啮合阻尼（见图 3-3）。

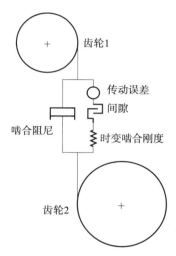

图 3-3　齿轮精细动力学模型

1）时变啮合刚度。啮合刚度即轮齿抵抗沿啮合线方向变形的能力。由于轮齿啮合位置的变化及重合度的影响，齿轮啮合刚度呈周期性变化。

2）传动误差。齿轮加工、装配过程中产生的几何偏心及运动偏心等误差造成的齿轮副中从动轮实际转角与理论转角之差即为传动误差，此误差属于随机误差。

3）齿侧间隙。齿轮加工时造成的轮齿变薄及装配中齿轮副中心距的改变使得啮合轮齿对之间存在间隙。齿侧间隙一般由分段函数表示。

4）啮合阻尼。由于齿面摩擦等引起的阻碍齿轮副相对运动的力。

1993 年，美国约翰逊航天中心在设计一个容错关节时，采用精细模型分析了齿轮传动装置各个齿轮间的啮合关系，计算了关节频域特性，计算结果与试验数据基本吻合。然而，为了简化计算，此模型只考虑了齿轮扭转刚度与惯性等线性因素，并将啮合刚度当作常值处理，且忽略了齿侧间隙等非线性因素的影响。

2010 年，中国某研究院将这种方法引入到多级行星齿轮传动装置动力学建模中，采用集中参数法分析了齿轮传动装置中每对齿轮的时变啮合刚度、齿侧间隙、传动误差及啮合阻尼的影响，建立了细化关节模型。

在该模型中，轮齿单齿啮合刚度由国际标准 ISO 6336 提供的经验公式计算得到，双齿或多齿啮合情况下的啮合刚度根据重合度的大小计算得到，双齿或多齿啮合刚度视为单齿啮合的并联系统，由此获得齿轮传动啮合刚度的周期性时变特性。在该模型中，传动误差视为齿轮转角的正弦函数，齿侧间隙用双曲正切函数来模拟。

　　2013 年，中国某研究院基于关节精细动力学模型对某多级行星齿轮传动的关节齿轮传动装置刚度进行了分析，分析结果表明，关节多级行星齿轮传动装置高速级与中速级刚度降低 90％时，关节传动装置总刚度仅降低 1.85％，关节传动装置的刚度主要受低速级影响，高速级则可当作刚体对待，这样简化后每个关节模型的规模将降低 60％以上。

3.2　刚性支承定轴齿轮系动力学建模与分析

　　由于直齿轮传动效率较高，因此空间机械臂关节齿轮主要采用这种形式。直齿轮又分为直齿圆柱齿轮和直齿圆锥齿轮，如图 3-4 和图 3-5 所示。这两种齿轮在后续章节的关节建模与分析中都会有所涉及。

图 3-4　直齿圆柱齿轮

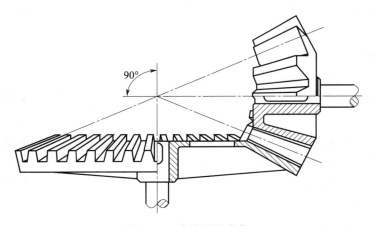

图 3-5　直齿圆锥齿轮

　　作为后续章节中行星齿轮和集成关节的建模的铺垫，本节首先以某二级定轴齿轮传动机构为研究对象（见图 3 - 6），进行动力学建模与模型求解，并与试验结果进行对比，以说明该建模方法的正确性。

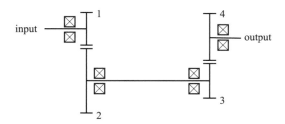

图 3 - 6　刚性支承齿轮系

此外，本节模拟齿轮系的真实受力情况进行动态仿真分析，并通过对计算结果的对比，研究弹性传动轴刚度对齿轮系动力学特性的影响，从而为改进设计提供理论依据和动态分析工具。

3.2.1　刚性支承定轴齿轮系动力学建模

为便于动态分析与简化计算，本节采用集中参数法建立某二级定轴齿轮系（见图 3 - 6）的动力学模型。经有限元分析，齿轮的扭转刚度至少比弹性传动轴扭转刚度高一个量级以上，因此可近似假设为刚体。模型中重点考虑了弹性传动轴的柔性和齿轮的啮合非线性，如图 3 - 7 所示。

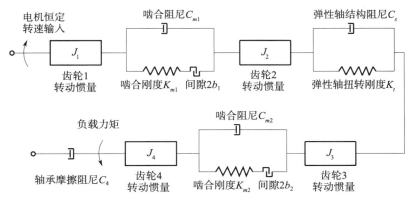

图 3 - 7　刚性支承齿轮系动力学模型

根据图 3 - 7 所示的动力学模型，得到相应的数学模型为

$$J_1 \ddot{\theta}_1 + [C_{m1} \dot{\delta}_{12} + K_{m1} \cdot f(\delta_{12}, b_{12})] r_{b1} = \tau_{\text{power}} \tag{3-1}$$

$$J_2 \ddot{\theta}_2 + C_s(\dot{\theta}_2 - \dot{\theta}_3) + K_t(\theta_2 - \theta_3) = [C_{m1} \dot{\delta}_{12} + K_{m1} \cdot f(\delta_{12}, b_{12})] r_{b2} \tag{3-2}$$

$$J_3 \ddot{\theta}_3 + [C_{m2} \dot{\delta}_{34} + K_{m2} \cdot f(\delta_{34}, b_{34})] r_{b3} = C_s(\dot{\theta}_2 - \dot{\theta}_3) + K_t(\theta_2 - \theta_3) \tag{3-2}$$

$$J_4 \ddot{\theta}_4 + C_4 \dot{\theta}_4 + \tau_{\text{load}} = [C_{m2} \dot{\delta}_{34} + K_{m2} \cdot f(\delta_{34}, b_{34})] r_{b4} \tag{3-4}$$

其中，θ_i（$i=1,2,3,4$）分别为各齿轮转角，J_i（$i=1,2,3,4$）分别为各齿轮转动惯

量，r_{bi}（$i=1$，2，3，4）为各齿轮基圆半径，τ_{power} 和 τ_{load} 分别为动力源输入力矩和负载力矩，其他参数定义见图 3-7。$f(x，b)$ 为间隙函数，其具体表达见 3.2.2 节。δ_{12} 和 δ_{34} 为相互啮合两齿轮在啮合线方向的相对位移，具体表达为

$$\delta_{12} = r_{b1}\theta_1 - r_{b2}\theta_2 - e_{12} \tag{3-5}$$

和

$$\delta_{34} = r_{b3}\theta_3 - r_{b4}\theta_4 - e_{34} \tag{3-6}$$

式中，e_{12} 和 e_{34} 分别为齿轮 1 与齿轮 2 之间以及齿轮 3 与齿轮 4 之间的啮合误差。

两对齿轮的啮合阻尼采用 ISO 6336 中的经验公式进行估算

$$C_{m1} = 2\xi_1 \sqrt{\frac{K_{m1}J_1J_2}{J_1r_{b2}^2 + J_2r_{b1}^2}} \tag{3-7}$$

$$C_{m2} = 2\xi_2 \sqrt{\frac{K_{m2}J_3J_4}{J_3r_{b4}^2 + J_4r_{b3}^2}} \tag{3-8}$$

式中，ξ_1 和 ξ_2 分别为齿轮 1 与齿轮 2、齿轮 3 与齿轮 4 之间的啮合阻尼比。

弹性传动轴的结构阻尼采用 NASA 的经验公式进行估算

$$C_s = 2\xi_s \sqrt{\frac{K_tJ_2J_3}{J_2 + J_3}} \tag{3-9}$$

式中，ξ_s 为弹性传动轴的结构阻尼比。

3.2.2　齿侧间隙的描述

传统的间隙函数为分段线性化函数，其表达式为

$$f(x，b) = \begin{cases} x - b & x > b \\ 0 & -b \leqslant x \leqslant b \\ x + b & x < -b \end{cases} \tag{3-10}$$

但式（3-10）不利于数值求解，由于运算过程中需要反复调用该子函数，造成求解速度大幅降低，且很多时候由于刚度矩阵无法分离，往往导致求解发散。本节利用双曲正切函数 tanh 的特有性质（见图 3-8），即当自变量系数 k 较大时，双曲正切函数曲线 tanh（kx）很好地趋近于阶跃曲线，从而采用一种连续函数对式（3-10）描述的分段线性函数进行近似，如式（3-11）所示

$$f(x，b) = x + \frac{x}{2}[\tanh(\sigma_\infty \cdot (x - b)) - \tanh(\sigma_\infty \cdot (x + b))]$$
$$- \frac{b}{2}[\tanh(\sigma_\infty \cdot (x - b)) + \tanh(\sigma_\infty \cdot (x + b))] \tag{3-11}$$

其中，$2b$ 为间隙值，σ_∞ 为放大系数。

当 σ_∞ 为 $10b$、$100b$ 和 $1\,000b$ 时（见图 3-9），式（3-11）与式（3-10）的误差平方和分别为：$0.078\,2$，$7.907\,4 \times 10^{-5}$ 和 $6.224\,1 \times 10^{-8}$。可见，当 σ_∞ 为间隙的 $1\,000$ 倍以上时，已经有很好的近似。并且在代入动力学方程后，可以将式（3-11）进行分解，将其后两项非线性项移至动力学方程的右侧作为伪激励，从而便于利用精细时程积分法、谐波

平衡法等求解方法对模型进行求解。

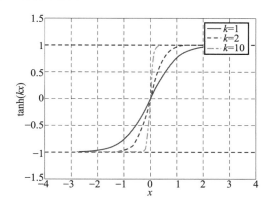

图 3-8　不同自变量系数下的双曲正切函数曲线（见彩插）

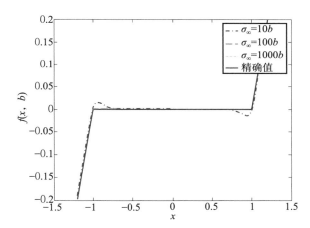

图 3-9　连续间隙函数与分段间隙函数对比（见彩插）

3.2.3　刚性支承定轴齿轮系动态特性分析

模型中输入、输出端两对齿轮的啮合刚度，由 ISO 中提供的方法进行计算，并等效为相应的扭转刚度。其中，输入端为 1.3371×10^{6} N·m/rad，输出端为 5.6916×10^{5} N·m/rad。利用有限元方法计算出连接齿轮 2 和齿轮 3 的弹性传动轴的扭转刚度为 686.9480 N·m/rad。各构件的转动惯量，可由三维实体设计软件建立实体模型后计算得出，$J_1 = 1.2291 \times 10^{-3}$ kg·m²，$J_2 = 2.9412 \times 10^{-5}$ kg·m²，$J_3 = 1.9932 \times 10^{-5}$ kg·m²，$J_4 = 0.044223$ kg·m²。其中，弹性轴的转动惯量由质心不变原则分配到其两端的齿轮中。

齿轮系动力学模型的建立和数值仿真在 MATLAB 环境下完成。为提高计算效率和计算精度，采用精细时程积分方法进行计算，积分时间 30 s，步长为 0.5 ms。

假设初始条件为各构件以恒定转速旋转，并模拟齿轮系真实工况对模型进行加载。在间歇式周期脉冲载荷作用下，得到弹性轴的扭转角和扭转力矩曲线，如图 3-10 和图 3-11 所示。弹性轴扭转力矩的频谱分析，如图 3-12 所示。

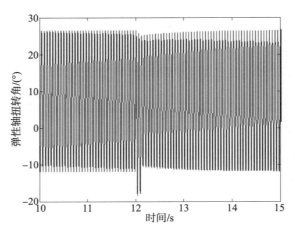

图 3-10　弹性轴的扭转角曲线

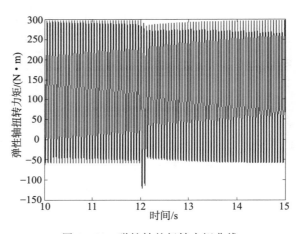

图 3-11　弹性轴的扭转力矩曲线

　　为改进齿轮系的动力学特性，将弹性轴的轴径加粗 2mm。改进后的弹性轴，其扭转刚度增至 1.2735×10^3 N·m/rad。此时，弹性轴的扭转角和扭转力矩曲线，如图 3-13 和 3-14 所示。改进弹性轴扭转力矩的频谱分析，如图 3-15 所示。对比图 3-10 和图 3-13 以及图 3-11 和 3-14 可以发现，增大弹性轴的轴径，可以有效缓解弹性轴的扭转振动峰值。

　　由于弹性轴的扭转刚度与轴径的四次方成正比，因此加大轴径可以明显提高弹性轴的刚度和系统的固有频率。从扭转力矩曲线的频谱分析（见图 3-12 和图 3-15）可以看出，原弹性轴和改进后的弹性轴的扭转振动频率分别为 17.37 Hz 和 22.63 Hz。相比可知，改进的弹性轴较原弹性轴，频率提高 30.28%，且振动幅值要小得多，约减小 30%。因此，改进后的弹性轴较原弹性轴具有更佳的动态特性。

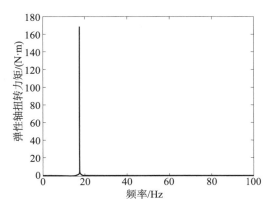

图 3 - 12　弹性轴扭转力矩的频谱特性

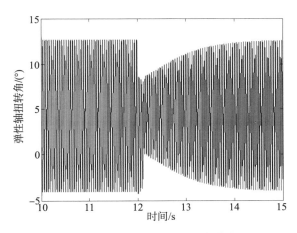

图 3 - 13　改进弹性轴的扭转角曲线

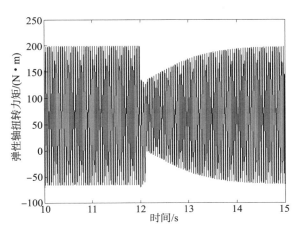

图 3 - 14　改进弹性轴的扭转力矩曲线

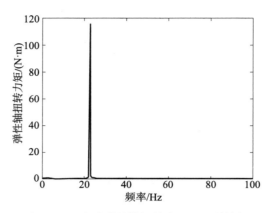

图 3 - 15　改进弹性轴扭转力矩的频谱特性

3.3　弹性支承齿轮系动力学建模与分析

　　本节以某含直齿圆锥齿轮传动的二级定轴齿轮传动机构为研究对象，进行动力学建模与模型求解。并考虑轴承的支承柔性，分析支承柔性对齿轮系动力学的影响。最后与试验结果相对比，以验证该建模方法的正确性。

3.3.1　弹性支承轴齿轮系动力学建模

　　某二级定轴齿轮传动机构如图 3 - 16 所示。利用与 3.2 节中相同的建模方法，建立齿轮系的动力学模型，如图 3 - 17 所示。其中，轮齿的啮合特性以弹簧-阻尼器-间隙-啮合误差模型模拟，并定义各齿轮局部坐标系的 y 向与相啮合两齿轮啮合线方向平行。

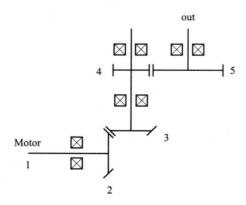

图 3 - 16　二级齿轮减速器

　　由于轴承的作用除了提供润滑、减少摩擦、使转子正常转动外，还提供了刚度和阻尼，因而会影响传动装置的临界转速、振幅和稳定性。在轴承支承刚度较低时，需要在建模时考虑轴承引入的柔性和阻尼。由于上述齿轮系轴承的支承刚度较低，因此，这里考虑

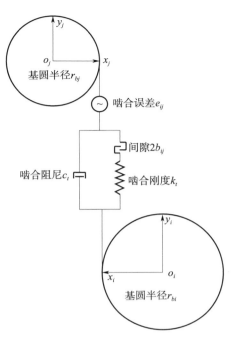

图 3-17　集中参数动力学模型

了轴承对系统动力学特性的影响，并采用弹簧-阻尼器模型来模拟轴承对齿轮系的支承动力学特性。

利用牛顿力学的方法建立各齿轮的扭转和横向动力学方程如下

$$J_1 \ddot{\theta}_1 + c_{t1}(\dot{\theta}_1 - \dot{\theta}_2) + k_{t1}(\theta_1 - \theta_2) = \tau_m \tag{3-12}$$

$$J_2 \ddot{\theta}_2 - c_{t1}(\dot{\theta}_1 - \dot{\theta}_2) - k_{t1}(\theta_1 - \theta_2) + [c_{m1}\dot{\delta}_{23} + k_{m1} \cdot f(\delta_{23}, b_{23})]r_{b2} = 0 \tag{3-13}$$

其中

$$\delta_{23} = r_{b2}\theta_2 - r_{b3}\theta_3 + (y_2 - y_3) - e_{23} \tag{3-14}$$

$$J_3 \ddot{\theta}_3 + c_{t2}(\dot{\theta}_3 - \dot{\theta}_4) + k_{t2}(\theta_3 - \theta_4) - [c_{m1}\dot{\delta}_{23} + k_{m1} \cdot f(\delta_{23}, b_{23})]r_{b3} = 0 \tag{3-15}$$

$$J_4 \ddot{\theta}_4 - c_{t2}(\dot{\theta}_3 - \dot{\theta}_4) - k_{t2}(\theta_3 - \theta_4) + [c_{m2}\dot{\delta}_{45} + k_{m2} \cdot f(\delta_{45}, b_{45})]r_{b4} = 0 \tag{3-16}$$

其中

$$\delta_{45} = r_{b4}\theta_4 - r_{b5}\theta_5 + (y_4 - y_5) - e_{45} \tag{3-17}$$

$$J_5 \ddot{\theta}_5 - [c_{m2}\dot{\delta}_{45} + k_{m2} \cdot f(\delta_{45}, b_{45})]r_{b5} = -\tau_{\text{load}} \tag{3-18}$$

$$m_2 \ddot{y}_2 + k_{m1} \cdot f(\delta_{23}, b_{23}) + c_{y2} \cdot \dot{y}_2 + k_{y2} \cdot y_2 = 0 \tag{3-19}$$

$$m_2 \ddot{x}_2 + c_{x2} \cdot \dot{x}_2 + k_{x2} \cdot x_2 = 0 \tag{3-20}$$

$$m_3 \ddot{y}_3 - c_{m1}\dot{\delta}_{23} - k_{m1} \cdot f(\delta_{23}, b_{23}) + c_{y3} \cdot \dot{y}_3 + k_{y3} \cdot y_3 = 0 \tag{3-21}$$

$$m_3 \ddot{x}_3 + c_{x3} \cdot \dot{x}_3 + k_{x3} \cdot x_3 = 0 \tag{3-22}$$

$$m_4 \ddot{y}_4 + c_{m2}\dot{\delta}_{45} + k_{m2} \cdot f(\delta_{45}, b_{45}) + c_{y4} \cdot \dot{y}_4 + k_{y4} \cdot y_4 = 0 \tag{3-23}$$

$$m_4\ddot{x}_4 + c_{x4} \cdot \dot{x}_4 + k_{x4} \cdot x_4 = 0 \tag{3-24}$$

$$m_5\ddot{y}_5 - c_{m2}\dot{\delta}_{45} - k_{m2} \cdot f(\delta_{45}, b_{45}) + c_{y5} \cdot \dot{y}_5 + k_{y5} \cdot y_5 = 0 \tag{3-25}$$

$$m_5\ddot{x}_5 + c_{x5} \cdot \dot{x}_5 + k_{x5} \cdot x_5 = 0 \tag{3-26}$$

上述等式中，k_{mi}（$i=1$，2）、k_{ti}（$i=1$，2）和 k_{xi}（$i=2$，…，5）与 k_{yi}（$i=2$，…，5）分别为轮齿啮合刚度、弹性轴扭转刚度和轴承支承刚度，c_{mi}（$i=1$，2）、c_{ti}（$i=1$，2）和 c_{xi}（$i=2$，…，5）与 c_{yi}（$i=2$，…，5）分别为轮齿啮合阻尼、弹性轴的结构阻尼和轴承支承阻尼，f 为间隙函数，m_i（$i=2$，…，5）和 J_i（$i=2$，…，5）分别为各齿轮质量和转动惯量，J_1 为电机转子转动惯量，r_{bi}（$i=2$，…，5）为各齿轮基圆半径，δ_{23} 和 δ_{45} 为相互啮合两齿轮在啮合线方向的相对位移，τ_m 为动力源驱动力矩，τ_{load} 为负载力矩。

联立上述动力学方程，建立齿轮系的动力学方程组如下

$$\boldsymbol{M}\ddot{\boldsymbol{z}} + \boldsymbol{C}\dot{\boldsymbol{z}} + \boldsymbol{K} \cdot \boldsymbol{F}(\boldsymbol{z}, \boldsymbol{b}) = \boldsymbol{T} \tag{3-27}$$

其中，位移向量 $\boldsymbol{z} = (\theta_1, \theta_2, \theta_3, \theta_4, \theta_5, y_2, x_2, y_3, x_3, y_4, x_4, y_5, x_5)^{\mathrm{T}}$，$\boldsymbol{M}$ 为常值对角质量矩阵，$\boldsymbol{C}$ 和 $\boldsymbol{K}$ 分别为常值阻尼矩阵和刚度矩阵，$\boldsymbol{F}$ 为间隙函数向量，$\boldsymbol{T}$ 包括驱动力矩、负载力矩以及伪激励力矩。

3.3.2　动力学仿真与模型验证

模型的基本参数为：各齿轮齿数 $z_1=28$、$z_2=35$、$z_3=60$ 和 $z_4=40$，第一级齿轮模数 2.5，第二级齿轮模数 2.0。忽略模型中的非线性因素，得到线性化模型的前三阶扭转振动频率和阻尼，文献［110］试验结果非常相近，如表 3-1 所示。

表 3-1　理论值与试验值对比

扭转振动	理论值		试验值		相对误差	
	频率/Hz	阻尼比	频率/Hz	阻尼比	频率/Hz	阻尼比
第一阶	394.0	0.0339	345.00	0.0399	14.20%	15.04%
第二阶	584.2	0.0520	590.00	0.0495	0.98%	5.05%
第三阶	755.9	0.0311	870.00	0.0287	13.11%	8.36%

利用与 3.2.3 小节中相同的方法求解上节中所建立的动力学模型。其中，输入轴转速为 780 rpm，积分步长 0.1 ms，积分时间 0.4 s，得到齿轮系第一级传动轴扭转振动的时域曲线和相应的频谱分析，如图 3-18 和图 3-19 所示。

从图 3-18 中可以看出，数值仿真结果的前三阶扭转振动频率分别为 395 Hz、585 Hz 和 755 Hz，与试验值相近，其相对误差分别为 14.49%、0.85% 和 13.22%，从而验证了该模型的正确性。

轴承的支承柔性会降低系统的刚度和固有频率。通过改变各齿轮支承刚度的大小，对

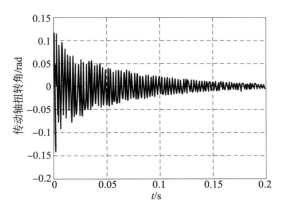

图 3 - 18　第一级传动轴扭转振动曲线

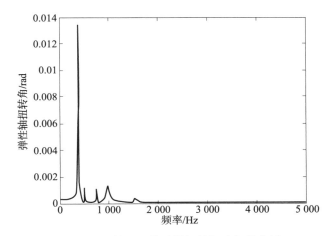

图 3 - 19　第一级传动轴扭转振动频谱分析

不同支承刚度下的模型进行求解可以发现，随着支承刚度的增加，本节中式（3 - 27）所示的动力学模型与不考虑支承柔性的纯扭转模型，其一、二阶模态的频率逐渐接近，如表 3 - 2 所示。当支承刚度在本节的基础上提高 10 倍时，一、二阶模态的频率值相差很小，均在 5％ 以内。可见，当轴承支承刚度较大时，齿轮系统的动力学建模可以不考虑齿轮的横向振动，即忽略支承柔性的影响。这样，对于复杂的传动装置，这种简化可以有效地提高建模与求解的效率，又不会对求解结果带来较大误差。

表 3 - 2　支承刚度对模态频率的影响（单位：Hz）

支承刚度	不变	2 倍	4 倍	10 倍	纯扭转模型
一阶模态	394.0	474.6	525.7	557.6	578.1
二阶模态	584.2	825.8	1166.6	1398.7	1467.0

3.4 行星齿轮动力学建模与分析

由于行星齿轮传动具有体积小、重量轻、传动比大、效率高的特点，在空间机构尤其是大型空间机械臂中都得到了广泛的应用。其典型结构组成，如图 3-20 所示。

图 3-20 行星齿轮结构图

对于行星齿轮传动形式的关节，由于应用领域的特殊性，国内外公开发表的文献很少，而对于大型空间机械臂，如空间站机械臂、SSRMS 等大型长寿命空间机械臂，均采用这种传动形式的关节或者行星齿轮和直齿轮复合传动的关节。因此，全面、系统地对行星齿轮的动力学特性进行分析，是研究后文关节动态特性的基础。

3.4.1 行星齿轮纯扭转动力学一般模型

行星齿轮的动力学研究中，大多数问题都可以参照齿轮系的动力学分析方法进行分析，如啮合刚度、啮合阻尼、齿侧间隙的描述等。不同的是，行星齿轮传动结构复杂且存在过约束，对其进行动力学研究时必须考虑多个构件或运动副的弹性，因此，行星齿轮的建模、仿真更为困难。

根据建模方法和考虑因素的不同，可将行星传动的动力学模型划分为有限元模型和集中参数模型。通常，有限元模型比集中参数模型的求解精度高，且更接近于工程实际，但运算量较大，耗时较多，不利于动态分析和实时仿真。集中参数模型是将行星传动的各个构件简化为集中质量，将各构件之间以及构件与壳体之间的连接简化为弹簧-阻尼器等，从而使行星齿轮传动装置等效为典型的多自由度弹簧-质量振动系统，便于实时求解和动态分析。

系统动力学建模的目标是以最简单的表达形式来正确地描述系统中最重要的物理现象。集中参数模型物理概念清晰、表达简单，且适于动态分析和仿真计算。因此，本节采用集中参数模型对行星齿轮关节进行建模，以简化模型，忽略次要因素。

针对空间机械臂关节，无论是行星齿轮传动方式还是谐波齿轮传动方式，都是直齿啮合，所以轴向载荷很小，可以忽略。另外，轴承支承刚度较大，由 Kahraman 通过对行星齿轮固有模态计算结果的比较分析可知，当支承刚度与轮齿啮合刚度之比大于 10 时，可以忽略行星齿轮中轴承支承刚度的影响。此外，由于关节中传动装置主要任务是承担扭转动力的传递，而结构载荷主要由壳体和轴承承担，传动装置只占结构系统的很小一部分，因此，这里可以只考虑行星齿轮扭转方向的动力学特性。本节在 Kahraman 研究成果的基础上，在时变啮合刚度、时变啮合误差和齿侧间隙的表示方法上进行改进，采用纯扭转集中参数模型进行行星齿轮的动力学建模，如图 3-21 所示。

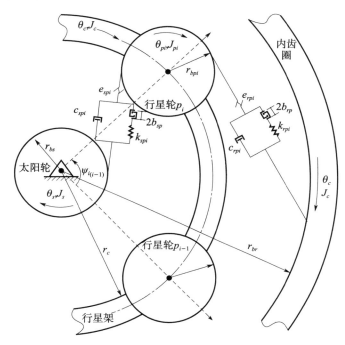

图 3-21　行星齿轮动力学模型

根据研究对象的特点，首先给出行星齿轮动力学模型的基本前提假设：

1）假设每个齿轮均为刚体，轮齿的柔性由一个具有时变刚度的弹簧模型模拟，作用于齿轮啮合线上；

2）假设行星架和每个齿轮仅沿扭转方向运动，即仅有一个转动自由度；

3）假设行星架和每个齿轮的偏心误差和圆度误差较小，可以忽略其影响；

4）行星架扭转刚度较大，忽略行星架的扭转柔性；

5）假设各齿轮支承刚度很大，忽略其柔性的影响。

在此基础上，可以得到行星齿轮的纯扭转动力学一般方程如下，对于太阳轮 s

$$J_s \ddot{\theta}_s + \sum_{i=1}^{n} (c_{spi} \cdot \dot{\delta}_{spi} + k_{spi} \cdot f(\delta_{spi}, b_{sp})) \cdot r_{bs} = \tau_m \qquad (3-28)$$

其中，J_s 为太阳轮绕其旋转轴的转动惯量；θ_s 为太阳轮相对惯性坐标系统其旋转轴的转角；k_{spi} 为太阳轮与第 i 个行星轮之间的时变啮合刚度，其具体表达见 3.4.2 节；c_{spi} 为太阳轮与第 i 个行星轮之间的啮合阻尼，其具体表达见 3.2.1 节；$f(\,)$ 为间隙函数，其具体表达见 3.2.2 节；δ_{spi} 为太阳轮与第 i 个行星轮之间啮合线上的相对位移；r_{bs} 为太阳轮的基圆半径；τ_m 为驱动力矩；n 为行星轮个数。

对于行星轮 p_i

$$J_p\ddot{\theta}_{pi} + (c_{spi} \cdot \dot{\delta}_{spi} + k_{spi} \cdot f(\delta_{spi}, b_{sp})) \cdot r_{bp} + (c_{rpi} \cdot \dot{\delta}_{rpi} + k_{rpi} \cdot f(\delta_{rpi}, b_{rp})) \cdot$$
$$r_{bp} = 0 \ (i = 1, 2, \cdots, n) \tag{3-29}$$

其中，J_p 为行星轮绕其旋转轴的转动惯量；θ_{pi} 为行星轮相对行星架的转角；k_{rpi} 为内齿轮与第 i 个行星轮之间的时变啮合刚度；c_{rpi} 为内齿轮与第 i 个行星轮之间的啮合阻尼；δ_{rpi} 为内齿轮与第 i 个行星轮之间啮合线上的相对位移；r_{bp} 为行星轮的基圆半径。

太阳轮与第 i 个行星轮之间以及内齿圈与第 i 个行星轮之间在啮合线方向的相对位移，如式（3-30）和式（3-31）所示

$$\delta_{spi} = r_{bs}\theta_s + r_{bp}\theta_{pi} - r_c\theta_c\cos\alpha_{spi} - e_{spi} \tag{3-30}$$

$$\delta_{rpi} = r_{bp}\theta_{pi} - r_{br}\theta_r + r_c\theta_c\cos\alpha_{rpi} - e_{rpi} \tag{3-31}$$

其中，r_c 为行星架有效半径；r_{br} 为内齿轮的基圆半径；θ_c 为行星架相对惯性坐标系的转角；α_{spi} 和 α_{rpi} 分别为太阳轮与第 i 个行星轮之间和内齿轮与第 i 个行星轮之间的啮合角；e_{spi} 和 e_{rpi} 分别为太阳轮与第 i 个行星轮之间以及内齿圈与第 i 个行星轮之间的啮合误差，其具体表达见 3.4.4 节。

在不考虑齿轮变位的情况下，齿轮的分度圆压力角和啮合角相同，按国标中对直齿轮啮合的规定

$$\alpha_s = \alpha_{pi} = \alpha_{spi} = 20° \tag{3-32}$$

其中，α_s 和 α_{pi} 分别为太阳轮和第 i 个行星轮的分度圆压力角。

由 $r_c = r_s + r_{pi}$，得

$$r_c\cos\alpha_{spi} = r_s\cos\alpha_{pi} + r_{pi}\cos\alpha_{spi} = r_{bs} + r_{bpi} \tag{3-33}$$

因此，δ_{spi} 和 δ_{rpi} 可简化为

$$\delta_{spi} = r_{bs}(\theta_s - \theta_c) + r_{bpi}(\theta_{pi} - \theta_c) - e_{spi} \tag{3-34}$$

$$\delta_{rpi} = r_{bpi}(\theta_{pi} - \theta_c) + r_{br}(\theta_c - \theta_r) - e_{rpi} \tag{3-35}$$

对于内齿圈固定的情况，$\theta_r = \dot{\theta}_r = \ddot{\theta}_r = 0$，则

$$\delta_{rpi} = r_{bpi}(\theta_{pi} - \theta_c) + r_{br}\theta_c - e_{rpi} \tag{3-36}$$

对行星架 c，有

$$\left(J_c + \sum_{i=1}^{n}m_{pi}r_c^2\right)\ddot{\theta}_c - \sum_{i=1}^{n}[(c_{spi}\dot{\delta}_{spi} + k_{spi}\delta_{spi})\cos\alpha_{spi} - (c_{rpi}\dot{\delta}_{rpi} + k_{rpi}\delta_{rpi})\cos\alpha_{rpi}] \cdot r_c = -\tau_L$$

$$\tag{3-37}$$

同理，可化简为

$$\left(J_c + \sum_{i=1}^{n}m_{pi}r_c^2\right)\ddot{\theta}_c - \sum_{i=1}^{n}[(c_{spi}\dot{\delta}_{spi} + k_{spi}\delta_{spi})(r_{bs} + r_{bpi}) - (c_{rpi}\dot{\delta}_{rpi} + k_{rpi}\delta_{rpi})\cos\alpha_{rpi}]$$

$$(r_{br} - r_{bpi}) = -\tau_L \tag{3-38}$$

其中，J_c 为行星架绕其旋转轴的转动惯量；m_{pi} 为行星轮质量；τ_L 为负载力矩。

　　将式（3-28）～式（3-38）所示动力学方程进行组合，可得动力学方程组的标准形式

$$\boldsymbol{J}\ddot{\boldsymbol{\Theta}} + \boldsymbol{C}\dot{\boldsymbol{\Theta}} + \boldsymbol{K} \cdot \boldsymbol{f}(\boldsymbol{\Theta}) = \boldsymbol{F}(t, \boldsymbol{\Theta}, \dot{\boldsymbol{\Theta}}) \tag{3-39}$$

其中，$\boldsymbol{\Theta} = [\theta_s, \theta_{p1}, \theta_{p2}, \theta_{p3}, \theta_c]^{\mathrm{T}}$，$\boldsymbol{J}$ 为常值对角惯量矩阵，$\boldsymbol{C}$ 和 $\boldsymbol{K}$ 为常值阻尼矩阵和时变刚度矩阵，$\boldsymbol{f}$ 为间隙函数向量，$\boldsymbol{F}$ 包括电机驱动力矩、负载力矩以及由传动误差构成的伪激励力矩。

3.4.2　时变啮合刚度求解

　　建立了行星齿轮的动力学模型后，下面的工作就是确定和描述模型中的重要参数，如啮合刚度、阻尼、啮合误差以及齿侧间隙等。对于啮合刚度的计算有多种方法，主要包括经典材料力学和弹性力学方法、有限元法、经验公式法和试验测试法等。本节主要采用 ISO 标准提供的经验公式对啮合刚度进行估算。Vladimír Moravec 和 Tomáš Havlík 分别利用 ISO 标准提供的经验公式和有限元方法对齿轮的啮合刚度进行计算，发现二者的结果相差不超过 15%，可见 ISO 标准提供的经验公式在一定程度上可以反映齿轮真实的刚度值。

　　此外，直齿轮啮合刚度存在时变性（见图 3-22），其产生原因有两个：一是单对轮齿在作用线不同的啮合位置的啮合刚度变化；二是参加啮合的齿对数的变化。因此，对于直齿行星齿轮的建模，要正确描述这种啮合刚度的时变性。

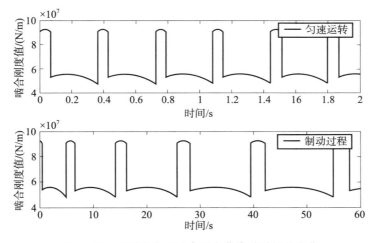

图 3-22　不同状态下啮合刚度曲线随时间的变化

　　A. Al-shyyab 等、R. Hbaieb 等和王世宇等根据直齿轮啮合刚度的这一特点，忽略单对轮齿啮合刚度的变化，假设其符合矩形波的变化规律。他们将时变啮合刚度看作时间的函数，并假设矩形波的周期恒定。这种描述方法，在分析行星齿轮稳态运动的固有特性时是有效的。但在启动或制动阶段，啮合周期是变化的，时变啮合刚度的恒定周期函数形式将不能表征真实的运动情况。对于空间机械臂，出于稳定性的考虑，要限制关节电机的

带宽，通常机械臂关节存在较长时间的加减速过程；对于工业机器人，提高工作效率的要求使得机械臂运转速度加快，需要频繁变化臂杆姿态，这也导致机械臂的加减速过程更为突出。而将时变啮合刚度视为时间的定周期函数，显然无法体现加减速过程中的啮合刚度变化情况。此外，矩形波的形式忽略单对轮齿啮合刚度的变化，因此与真实的啮合刚度曲线的变化形式也存在差异。本书提出一种新的时变啮合刚度的表达形式。首先，参照张建云[37]的方法，用二次曲线拟合单对齿的啮合刚度，并经过叠加求得直齿轮啮合刚度的数学表达式，这样表达比矩形波更为精确。然后，将啮合刚度假设为行星轮转角的周期函数，即啮合位置的函数（见图 3-23）。此时，啮合周期为行星轮齿数的倒数，即在任何转速下均为常数。因此，有效地解决了上述表示形式在加减速过程中啮合刚度的描述问题。最后，利用Fourier 级数将表达式展开，如图 3-24 所示，从而简化了计算，易于工程应用。

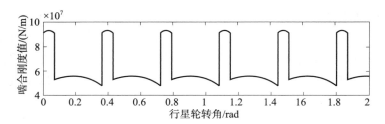

图 3-23　以行星轮转角表示的时变啮合刚度曲线

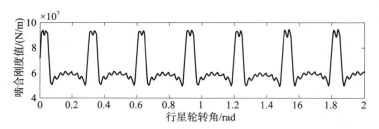

图 3-24　新的时变啮合刚度模型的 Fourier 展开形式

具体做法是将时变啮合刚度表示为均值与波动值相加的形式

$$k(\theta_{pi}) = \bar{k} + \Delta k(\theta_{pi}) \qquad (i = 1, 2, \cdots, n) \qquad (3-40)$$

这里，θ_{pi} 为行星轮相对惯性坐标系统其旋转轴的转角。

此时，时变啮合刚度的周期为一恒值，它只和行星轮的齿数 z_p 有关

$$T_p = \frac{p_{bp}}{r_{bp}} = \frac{\pi m_p \cos\alpha_p}{\dfrac{1}{2} m_p z_p \cos\alpha_p} = \frac{2\pi}{z_p} \qquad (3-41)$$

其中，p_{bp} 为行星轮基圆齿距，r_{bp} 为行星轮基圆半径，m_p 为行星轮模数，α_p 为行星轮分度圆压力角。

将时变啮合刚度的波动成分进行 Fourier 级数展开，得

$$\Delta k(\theta_{pi}) = \sum_{n=1}^{\infty} [a_n \cos(nz_p\theta_{pi}) + b_n \sin(nz_p\theta_{pi})] \qquad (3-42)$$

其中

$$a_0 = \frac{z_p}{2\pi} \int_{\theta_0}^{\theta_0 + \frac{z_p}{2\pi}} \Delta k(\theta_{pi}) \mathrm{d}\theta_{pi} = 0 \tag{3-43}$$

$$a_n = \frac{z_p}{\pi} \int_{\theta_0}^{\theta_0 + \frac{z_p}{2\pi}} \Delta k(\theta_{pi}) \cos(n z_p \theta_{pi}) \mathrm{d}\theta_{pi} \tag{3-44}$$

$$b_n = \frac{z_p}{\pi} \int_{\theta_0}^{\theta_0 + \frac{z_p}{2\pi}} \Delta k(\theta_{pi}) \sin(n z_p \theta_{pi}) \mathrm{d}\theta_{pi} \quad (n=1,2,3,\cdots) \tag{3-45}$$

式中，θ_0 为时变啮合刚度的初始相位。

3.4.3　啮合阻尼的计算

本节采用经验公式计算轮齿的啮合阻尼为

$$c_{spi} = 2\xi_{spi} \sqrt{\frac{\bar{k}_{spi} J_s J_{pi}}{J_s r_{bpi}^2 + J_{pi} r_{bs}^2}} \qquad (i=1,2,\cdots,n) \tag{3-46}$$

对于内齿轮固定 $J_2 \to \infty$

$$c_{rpi} = 2\xi_{rpi} \sqrt{\frac{\bar{k}_{rpi} \cdot J_{pi}}{r_{bpi}^2}} \qquad (i=1,2,\cdots,n) \tag{3-47}$$

其中，ξ_{spi} 和 ξ_{rpi} 分别为行星轮与太阳轮和行星轮与内齿圈之间的啮合阻尼比，$\bar{k}_{spi}$ 和 $\bar{k}_{rpi}$ 分别为行星轮与太阳轮和行星轮与内齿圈之间的平均啮合刚度，n 为行星轮个数。

3.4.4　啮合误差的描述

对于综合啮合误差的描述，王世宇、孙智民等将啮合误差假定为频率为啮合频率的正弦波。Jia 等将啮合误差分为几何误差和节距误差两部分，并分别假设为齿轮啮合角和齿轮转角的三次谐波函数之和。这两种描述方式的本质是一致的，都是利用 Fourier 级数的方式对啮合误差进行拟合，只是选取的截断误差不同。

本节主要分析啮合误差对行星齿轮整体动力学特性影响的趋势。因此，为简化计算，这里采用前者的描述方法。此外，与时变啮合刚度的表示方法类似，假设啮合误差是行星轮转角的正弦函数，则太阳轮与行星轮之间的动态啮合误差为

$$e_{spi} = E_{spi} \sin(z_p \theta_{pi} + \vartheta_{spi}) \qquad (i=1,2,\cdots,n) \tag{3-48}$$

内齿圈与行星轮之间的动态啮合误差为

$$e_{rpi} = E_{rpi} \sin(z_p \theta_{pi} + \vartheta_{spi} + \vartheta_{sr}) \qquad (i=1,2,\cdots,n) \tag{3-49}$$

其中，θ_{pi} 为行星轮相对惯性坐标系绕其旋转轴的转角，z_p 为行星轮的齿数，n 为行星轮个数。

由行星齿轮的安装原理，行星轮与太阳轮、内齿圈之间的相位关系可表示如下：

1）第 i 个行星轮与太阳轮啮合的初相位

$$\vartheta_{spi} = \frac{z_s \psi_i}{z_p} \qquad (i=1,2,\cdots,n) \tag{3-50}$$

2）第 i 个行星轮与内齿圈啮合的初相位

$$\vartheta_{rpi} = \frac{z_r \psi_i}{z_p} \qquad\qquad (i = 1, 2, \cdots, n) \tag{3-51}$$

3）第 i 个行星轮内、外啮合之间的相位差

$$\vartheta_{sr} = \begin{cases} 0, & z_p \in \text{odd} \\ \dfrac{\pi}{z_p}, & z_p \in \text{even} \end{cases} \tag{3-52}$$

其中，z_s 和 z_r 分别为太阳轮和内齿轮的齿数。

根据正弦函数的周期性特点，得

$$\vartheta_{spi} = \text{mod}\left(\frac{z_s \psi_i}{z_p \cdot 2\pi}\right) \cdot 2\pi \qquad (i = 1, 2, \cdots, n) \tag{3-53}$$

和

$$\vartheta_{rpi} = \text{mod}\left(\frac{z_r \psi_i}{z_p \cdot 2\pi}\right) \cdot 2\pi \qquad (i = 1, 2, \cdots, n) \tag{3-54}$$

3.4.5　啮合频率的计算

对于定轴齿轮传动来说，啮合频率为齿轮轴的转动频率和齿轮齿数的乘积。而对于行星齿轮，啮合频率可表示为行星轮的转动频率和行星轮齿数的乘积。

由太阳轮与行星轮节圆切向速度的等式关系，得

$$\omega_s \cdot r_s = \omega_p \cdot r_p + \omega_c \cdot r_s \tag{3-55}$$

其中，ω_s 和 ω_p 分别为太阳轮和行星轮转速，r_s 和 r_p 分别为太阳轮节圆半径和行星轮节圆半径。

则行星轮转速为

$$\omega_p = (\omega_s - \omega_c) \cdot r_s / r_p \,(\text{单位：rpm}) \tag{3-56}$$

又由于

$$\omega_c = \omega_s \cdot N \tag{3-57}$$

$$r_s = z_s \cdot m \tag{3-58}$$

$$r_p = z_p \cdot m \tag{3-59}$$

$$N = \frac{z_s}{z_s + z_r} \tag{3-60}$$

其中，N 为行星齿轮传动比，m 为齿轮模数。

将式（3-57）～式（3-60）代入式（3-56），得

$$\omega_p = \omega_s \cdot \frac{z_s}{z_p} \cdot \left(1 - \frac{z_s}{z_s + z_r}\right) \tag{3-61}$$

则行星齿轮的啮合频率为

$$f_{\text{mesh}} = \frac{1}{60} \cdot \omega_p \cdot z_p \,(\text{单位：Hz}) \tag{3-62}$$

利用式（3-62），计算得行星齿轮在 500 rpm 输入转速下的前 5 倍啮合频率分别为：175 Hz、350 Hz、525 Hz、700 Hz 和 875 Hz。

3.4.6　行星齿轮动力学仿真与分析

通常，对动力学系统的振动特性研究，采用量纲归一化的方法即无量纲的方法。这样可以不用考虑具体的单位或物理意义，使得数学求解和分析更为方便；但为了从物理概念或力学意义角度分析问题，还需将计算完的结果转换回来。此外，学者们常通过引入时间尺度和位移尺度来消除刚体位移，从而方便对模型的求解以及振动特性的分析，这同样是为了数学上求解的方便，但缺少物理意义。本节采用动态传动误差来研究系统的动力学特性，不仅消除了刚体位移，方便模型求解和振动特性的研究，又具有明显的物理意义，方便从真实概念角度分析系统。

这里以大增益比例环节来模拟电机等动力源的恒转速动力学特性。由于负载的波动势必影响电机的动态特性，以大增益比例环节来模拟电机的动力学特性，可以实现近似的恒定转速，实际上与真实工况更为相近，因此可以认为这种假设是合适的。最后，利用精细时程积分法，对式（3 - 39）所示的动力学模型进行求解，积分步长 0.5 ms，积分时间 34 s。行星齿轮的基本参数为：模数均为 1，齿数分别为 $z_s = z_p = 21$、$z_r = 63$，齿宽均为 5 mm，密度均为 7.85×10^3 kg/m³，分度圆压力角均为 20°。

3.4.6.1　输入转速的影响分析

不考虑负载和啮合误差的影响，假定行星齿轮的齿侧间隙为 100 μm，改变行星齿轮的输入转速分别为 500 rpm、1 500 rpm 和 2 500 rpm，则不同的输入转速下，行星齿轮的动态传动误差曲线如图 3 - 25 所示。从图中可以看出，低速下，行星齿轮的动态传动误差的振动幅值较小，随着转速的增加，幅值明显增大，且其均值偏差也明显增大。这主要是由于齿侧间隙的存在，高转速下轮齿之间的冲击载荷更大所致。通过对时域曲线的频谱分析可知，行星齿轮动态传动误差的主要频率为行星齿轮的啮合频率，其与转速呈线性关系，如图 3 - 26 所示。

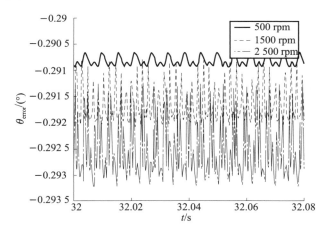

图 3 - 25　不同输入转速下动态传动误差时程曲线（见彩插）

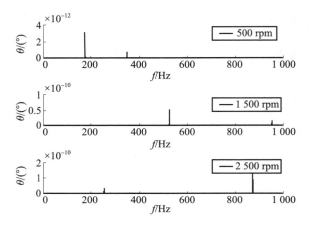

图 3 - 26　不同输入转速下动态传动误差频谱特性

3.4.6.2　齿侧间隙的影响分析

在其他基本参数不变的情况下，改变行星齿轮的齿侧间隙分别为 0、10 μm 和 100 μm。存在间隙时，动态传动误差曲线表现为近似的简谐振动，其振动频率为行星齿轮的啮合频率，如图 3 - 27 和图 3 - 28 所示。随着齿侧间隙的增大，动态传动误差的振动幅值显著增大，且大间隙下，传动误差主要呈现为负值，如图 3 - 27 所示。在无间隙的条件下，系统的振动幅值虽小，但频率特性中的高阶分量明显，主要呈现出前 3 倍啮合频率的非简谐周期振动，如图 3 - 28 所示。

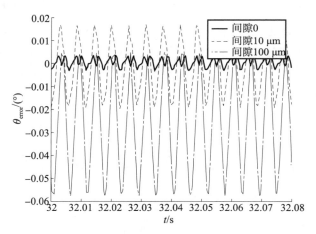

图 3 - 27　不同齿侧间隙下的动态传动误差时程曲线

3.4.6.3　啮合误差的影响分析

在其他基本参数不变的情况下，改变行星齿轮的轮齿啮合误差分别为 10 μm、20 μm 和 50 μm，则在不同啮合误差下，行星齿轮的动态特性及分析如图 3 - 29 和图 3 - 30 所示。改变行星齿轮的啮合误差不会影响动态传动误差的振动形式，即仍保持近似的简谐振动。但增大啮合误差的幅值会大幅增加动态传动误差的幅值。可见，提高齿轮的精度有助于改善行星齿轮整体的动态特性。

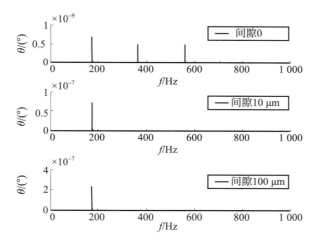

图 3 - 28　不同齿侧间隙下的动态传动误差频谱特性

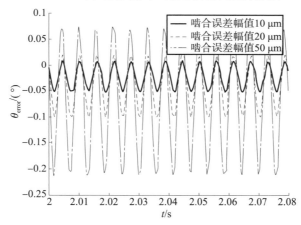

图 3 - 29　不同啮合误差下的动态传动误差时程曲线

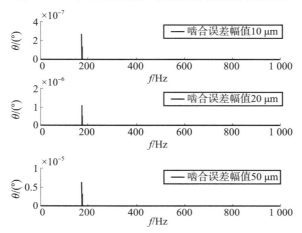

图 3 - 30　不同啮合误差下的动态传动误差频谱特性

3.4.6.4 力矩负载的影响分析

在其他基本参数不变的情况下，改变行星齿轮的力矩负载分别为 0、25 N・m 和 50 N・m。随着力矩负载的增大，动态传动误差幅值减小，且增大到一定程度时，完全为负值误差，如图 3-31 和图 3-32 所示，从受力分析角度很容易理解这种现象。但随着负载的增大，振动分量中的高频成分逐步呈现，且在大负载下，振动频率中的高频成分明显增多，振动曲线也呈现出行星齿轮啮合频率及其倍频的非简谐的周期振动。对比零间隙下行星齿轮的频谱特性，可以发现二者是相似的。可见，力矩负载的增大使轮齿的弹性变形增大，大载荷下，轮齿的间隙甚至被"吃掉"，因此，表现出零间隙下的动力学特征。

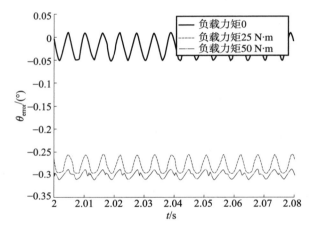

图 3-31　不同力矩负载下的动态传动误差时程曲线

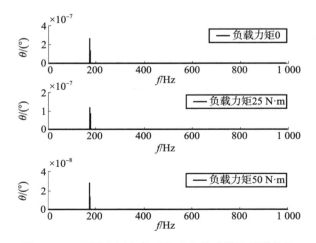

图 3-32　不同力矩负载下的动态传动误差频谱特性

3.5　关节动力学模型建模

空间机械臂关节动力学建模是指建立关节输入力矩与关节输出运动参数的联系。关节动力学模型与关节传动装置有关，长寿命大型空间机械臂关节一般采用行星齿轮传动装置来作为主要传动装置，图 3 - 33 即为某空间机械臂关节齿轮传动装置。其中，齿轮系 $A-B-C$ 为 $2K-H$ 行星轮系，齿轮 A 为太阳轮，齿轮 B 为行星轮，内齿圈 C 与关节壳体固连；齿轮 $D-E$ 及 $F-G$ 组成定轴轮系；齿轮 $H-I-J$ 为太阳轮 H、行星轮 I 及内齿圈 J 齿轮轴线都固定的定轴轮系，齿轮 $J-K$ 为含内齿圈 J 和外齿圈 K 的大齿轮；齿轮 $K-L$（M）$-N-O$ 为 $3K$ 差动轮系，齿轮 K 为太阳轮，齿轮 $L(M)$ 为行星轮，N 为内齿圈，且与关节壳体固连；齿轮 L 与 M 同轴且均与轴 Y 固连；齿轮 O 为输出齿轮。传动装置中行星齿轮的个数相同且均为 n。

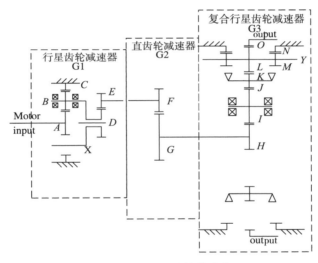

图 3 - 33　某关节齿轮传动装置

3.5.1　关节动力学建模

针对图 3 - 33 所示的关节，为便于动态分析与求解，本节仍采用集中参数法建立关节的精细化动力学模型。其中，齿与齿之间的啮合特性由弹簧-阻尼器-间隙-啮合误差环节模拟。应用并推广式（3 - 28）～式（3 - 38）所示的动力学模型，由牛顿-欧拉法，得到各齿轮相应的数学模型如下：

对太阳轮 A

$$J_A \ddot{\theta}_A + \sum_{i=1}^{3} (c_{ABi} \dot{\delta}_{ABi} + k_{ABi} f(\delta_{ABi}, b_{ABi})) \cdot r_{bA} = \tau_m \tag{3-63}$$

其中，J_A 为太阳轮 A 绕其旋转轴的转动惯量；θ_A 为太阳轮 A 相对惯性坐标系其旋转轴的转角；k_{ABi} 为太阳轮 A 与第 i 个行星轮 Bi 之间的时变啮合刚度，其具体表达参见 3.4.2

节；c_{ABi} 为太阳轮 A 与第 i 个行星轮 B_i 之间的啮合阻尼，其具体表达参见 3.4.3 节；$f\,(,)$ 为间隙函数，其具体表达参见 3.2.2 节；b_{ABi} 为太阳轮 A 与第 i 个行星轮 B_i 之间的齿侧间隙；r_{bA} 为太阳轮 A 的基圆半径；δ_{ABi} 为太阳轮 A 与第 i 个行星轮 B_i 之间啮合线上的相对位移；τ_m 为电机输出力矩。

对三个行星轮 B

$$J_B\ddot{\theta}_{Bi} + (c_{ABi}\dot{\delta}_{ABi} + k_{ABi}f(\delta_{ABi},b_{ABi})) \cdot r_{bBi} + (c_{CBi}\dot{\delta}_{CBi} + k_{CBi}f(\delta_{CBi},b_{CBi})) \cdot r_{bBi} = 0$$

$$(3-64)$$

$$(i=1,2,3)$$

其中，J_B 为行星轮 B_i 绕其旋转轴的转动惯量；θ_{Bi} 为第 i 个行星轮 B_i 相对行星架 X 绕其旋转轴的转角；k_{CBi} 为内齿轮 C 与第 i 个行星轮 B_i 之间的时变啮合刚度；c_{CBi} 为内齿轮 C 与第 i 个行星轮 B_i 之间的啮合阻尼；b_{CBi} 为内齿轮 C 与第 i 个行星轮 B_i 之间的齿侧间隙；r_{bBi} 为行星轮 B_i 的基圆半径；δ_{CBi} 为内齿轮 C 与第 i 个行星轮 B_i 之间啮合线上的相对位移。

由于内齿轮 C 相对关节壳体固定，则

$$\theta_C = \dot{\theta}_C = \ddot{\theta}_C = 0 \qquad (3-65)$$

对行星架 X（小齿轮 D）

$$(J_D + 3m_{Bi}r_X^2 + J_X) \cdot \ddot{\theta}_D - [(c_{ABi}\dot{\delta}_{ABi} + k_{ABi}f(\delta_{ABi},b_{AB})) \cdot \cos\alpha_{ABi} -$$
$$(c_{CBi}\dot{\delta}_{CBi} + k_{CBi}f(\delta_{CBi},b_{CB}))\cos\alpha_{BCi}] \cdot r_X + (c_{DE}\dot{\delta}_{DE} + k_{DE}f(\delta_{DE},b_{DE})) \cdot r_{bD} = 0$$

$$(3-66)$$

其中，J_D 和 J_X 为小齿轮 D 和行星架 X 绕各自旋转轴的转动惯量；θ_D 为小齿轮 D 相对惯性坐标系绕其旋转轴的转角；m_{Bi} 为行星轮 B_i 的质量；r_{bD} 为小齿轮 D 的基圆半径；r_X 为行星架 X 的有效半径；α_{ABi} 和 α_{CBi} 为太阳轮 A 与第 i 个行星轮 B_i、内齿轮 C 与第 i 个行星轮 B_i 之间的啮合角；δ_{DE} 为小齿轮 D 与大齿轮 E 之间啮合线上的相对位移；b_{DE} 为小齿轮 D 与大齿轮 E 之间的齿侧间隙。

对大齿轮 E（小齿轮 F）

$$(J_E + J_F) \cdot \ddot{\theta}_E + (c_{DE}\dot{\delta}_{DE} + k_{DE}f(\delta_{DE},b_{DE})) \cdot r_{bE} + (c_{FG}\dot{\delta}_{FG} + k_{FG}f(\delta_{FG},b_{FG})) \cdot r_{bF} = 0$$

$$(3-67)$$

其中，J_E 和 J_F 为大齿轮 E 和小齿轮 F 绕各自旋转轴的转动惯量；θ_E 为大齿轮 E 相对惯性坐标系绕其旋转轴的转角；r_{bE} 和 r_{bF} 分别为大齿轮 E 和小齿轮 F 的基圆半径；δ_{FG} 为小齿轮 F 与外齿轮 G 之间啮合线上的相对位移；b_{FG} 为小齿轮 F 与外齿轮 G 之间的齿侧间隙。

对外齿轮 G（输入齿轮 H）

$$(J_G + J_H) \cdot \ddot{\theta}_G + (c_{FG}\dot{\delta}_{FG} + k_{FG}f(\delta_{FG},b_{FG})) \cdot r_{bG} + \sum_{i=1}^{3}(c_{HIi}\dot{\delta}_{HIi} + k_{HIi}f(\delta_{HIi},b_{HI})) \cdot r_{bH} = 0$$

$$(3-68)$$

其中，J_G 和 J_H 为外齿轮 G 和输入齿轮 H 绕各自旋转轴的转动惯量；θ_G 为外齿轮 G 相对惯性坐标系绕其旋转轴的转角；r_{bG} 和 r_{bH} 分别为外齿轮 G 和输入齿轮 H 的基圆半径；δ_{HIi} 为输入齿轮 H 与第 i 个惰轮 I_i 之间啮合线上的相对位移；b_{HIi} 为输入齿轮 H 与第 i 个惰轮 I_i

之间的齿侧间隙。

对三个惰轮 I

$$J_I\ddot{\theta}_{Ii} + (c_{HIi}\dot{\delta}_{HIi} + k_{HIi}f(\delta_{HIi}, b_{HIi})) \cdot r_{bI} + (c_{JIi}\dot{\delta}_{JIi} + k_{JIi}f(\delta_{JIi}, b_{JIi})) \cdot r_{bI} = 0 \quad (3-69)$$
$$(i = 1, 2, 3)$$

其中，J_I 为惰轮 I 绕其旋转轴的转动惯量；θ_{Ii} 为第 i 个惰轮 Ii 相对惯性坐标系绕其旋转轴的转角；r_{bI} 为惰轮 I 的基圆半径；δ_{JIi} 为输出内齿轮 J 与第 i 个惰轮 Ii 之间啮合线上的相对位移；b_{JIi} 为输出内齿轮 J 与第 i 个惰轮 Ii 之间的齿侧间隙。

对输出内齿轮 J（输入齿轮 K）

$$J_J\ddot{\theta}_J - \sum_{i=1}^{3}(c_{JIi}\dot{\delta}_{JIi} + k_{JIi}f(\delta_{JIi}, b_{JIi})) \cdot r_{bJ} + \sum_{i=1}^{3}(c_{KLi}\dot{\delta}_{KLi} + k_{KLi}f(\delta_{KLi}, b_{KLi})) \cdot r_{bK} = 0$$
$$(3-70)$$

其中，J_J 为输出内齿轮 J 绕其旋转轴的转动惯量；θ_J 为输出内齿轮 J 相对惯性坐标系绕其旋转轴的转角；r_{bK} 为输入齿轮 K 的基圆半径；δ_{KLi} 为输入齿轮 K 与第 i 个中间行星轮 Li 之间啮合线上的相对位移；b_{KLi} 为输入齿轮 K 与第 i 个中间行星轮 Li 之间的齿侧间隙。

对三个中间行星轮 L（左右两侧行星轮 M）

$$(J_L + 2J_M)\ddot{\theta}_{Li} - (c_{KLi}\dot{\delta}_{KLi} + k_{KLi}f(\delta_{KLi}, b_{KLi})) \cdot r_{bL} + 2 \cdot (c_{NMi}\dot{\delta}_{NMi} + k_{NMi}f(\delta_{NMi}, b_{NMi})) \cdot$$
$$r_{bM} + (c_{OLi}\dot{\delta}_{OLi} + k_{OLi}f(\delta_{OLi}, b_{OLi})) \cdot r_{bL} = 0$$
$$(3-71)$$

$$(i = 1, 2, 3)$$

其中，J_L 和 J_M 为中间行星轮 L 和左右两侧行星轮 M 绕各自旋转轴的转动惯量；θ_{Li} 为第 i 个中间行星齿轮 Li 相对三联行星架 Y 绕其旋转轴的转角；r_{bL} 和 r_{bM} 分别为中间行星轮 L 和左右两侧行星轮 M 的基圆半径；δ_{NMi} 和 δ_{OLi} 分别为内齿轮 N 与第 i 个两侧行星轮 Mi 之间和输出内齿轮 O 与第 i 个中间行星轮 Li 之间啮合线上的相对位移；b_{NMi} 和 b_{OLi} 分别为内齿轮 N 与第 i 个两侧行星轮 Mi 之间和输出内齿轮 O 与第 i 个中间行星轮 Li 之间的齿侧间隙。

对三联行星架 Y

$$(J_Y + 3m_L r_Y^2)\ddot{\theta}_Y - \sum_{i=1}^{3}\begin{bmatrix}(c_{KLi}\dot{\delta}_{KLi} + k_{KLi}f(\delta_{KLi}, b_{KLi})) \cdot \cos\alpha_{KLi} \\ - (c_{NMi}\dot{\delta}_{NMi} + k_{NMi}f(\delta_{NMi}, b_{NMi})) \cdot \cos\alpha_{NMi} \\ - (c_{OLi}\dot{\delta}_{OLi} + k_{OLi}f(\delta_{OLi}, b_{OLi})) \cdot \cos\alpha_{OLi}\end{bmatrix} \cdot r_Y = 0$$
$$(3-72)$$

其中，J_Y 为行星架 Y 绕其旋转轴的转动惯量；θ_Y 为行星架 Y 相对惯性坐标系绕其旋转轴的转角；m_L 为中间行星轮 L 和左右两侧行星轮 M 的质量和；r_Y 为行星架 Y 的有效半径；α_{KLi}、α_{NMi} 和 α_{OLi} 分别为输入齿轮 K 与第 i 个中间行星轮 Li 之间、内齿轮 N 与第 i 个两侧行星轮 Mi 之间和输出内齿轮 O 与第 i 个中间行星轮 Li 之间的啮合角。

对输出内齿轮 O

$$(J_O + J_{Load})\ddot{\theta}_O - \sum_{i=1}^{3}(c_{OLi}\dot{\delta}_{OLi} + k_{OLi}f(\delta_{OLi}, b_{OLi})) \cdot r_{bO} + \tau_L = 0 \quad (3-73)$$

其中，θ_O 为输出内齿轮 O 相对惯性坐标系统其旋转轴的转角；r_{bO} 为输出内齿轮 O 的基圆半径；τ_L 和 J_{Load} 分别为负载力矩和负载转动惯量。

由于减速器齿轮排列紧凑且传动轴较粗，因此轴的刚度很高，可以忽略其柔性影响，其转动惯量按质心不变原则分配到相邻两齿轮的转动惯量中。因此，$\theta_X = \theta_D$，$\theta_E = \theta_F$，$\theta_G = \theta_H$，$\theta_J = \theta_K$ 和 $\theta_{Li} = \theta_{Mi}$。

相互啮合的各齿轮间在其啮合线方向的相对位移如式（3-74）～式（3-82）所示

$$\delta_{ABi} = r_{bA}\theta_A + r_{bB}\theta_{Bi} - r_X\theta_X \cos\alpha_{AB} - e_{ABi} \tag{3-74}$$

$$\delta_{CBi} = r_{bB}\theta_{Bi} + r_X\theta_X \cos\alpha_{BC} - e_{CBi} \tag{3-75}$$

$$\delta_{DE} = r_{bD}\theta_D + r_{bE}\theta_E - e_{DE} \tag{3-76}$$

$$\delta_{FG} = r_{bF}\theta_F + r_{bG}\theta_G - e_{FG} \tag{3-77}$$

$$\delta_{HIi} = r_{bH}\theta_H + r_{bI}\theta_{Ii} - e_{HIi} \tag{3-78}$$

$$\delta_{JIi} = r_{bI}\theta_{Ii} - r_{bJ}\theta_J - e_{JIi} \tag{3-79}$$

$$\delta_{KLi} = r_{bK}\theta_K + r_{bL}\theta_{Li} - r_Y\theta_Y \cos\alpha_{KL} - e_{KLi} \tag{3-80}$$

$$\delta_{NMi} = r_{bM}\theta_{Mi} + r_Y\theta_Y \cos\alpha_{NM} - e_{NMi} \tag{3-81}$$

$$\delta_{OLi} = r_{bL}\theta_{Li} - r_{bO}\theta_O + r_Y\theta_Y \cos\alpha_{OL} - e_{OLi} \tag{3-82}$$

其中，e_{ABi}、e_{CBi}、e_{DE}、e_{FG}、e_{HIi}、e_{JIi}、e_{KLi}、e_{NMi} 和 e_{OLi} 分别为各相互啮合齿轮之间的啮合误差。

将上述动力学方程进行组合，可得动力学方程组的标准形式

$$\boldsymbol{J\ddot{\Theta}} + \boldsymbol{C\dot{\Theta}} + \boldsymbol{K} \cdot f(\boldsymbol{\Theta}) = \boldsymbol{F}(t, \boldsymbol{\Theta}, \dot{\boldsymbol{\Theta}}) \tag{3-83}$$

其中，$\boldsymbol{\Theta} = [\theta_A, \theta_B, \cdots, \theta_O]^{\text{T}}$，$\boldsymbol{J}$ 为常值对角惯量矩阵，$\boldsymbol{C}$ 和 $\boldsymbol{K}$ 为常值阻尼矩阵和刚度矩阵，f 为间隙函数向量，$\boldsymbol{F}$ 包括电机驱动力矩、负载力矩以及由传动误差构成的伪激励力矩。

3.5.2　关节动力学频域仿真与分析

关节位于其所控制臂杆的始端，由于大型空间机械臂臂杆较长，约 6 m，关节处微小的转角变化，经臂杆放大，则会造成机械臂末端较大的运动误差，因此，这里通过对关节稳态转速下的扭转振动分析来研究关节的动力学特性。本节采用精细时程积分方法对式（3-83）进行数值求解，积分步长为 1 ms，输入条件为关节转速 27.726（°）/s。单输入集成关节中各齿轮基本参数，如表 3-3 所示，各齿轮密度均为 7.85×10^3 kg/m³，分度圆压力角均为 20°。

表 3-3　单输入集成关节齿轮参数

齿轮	A	B	C	D	E	F	G	H	I	J	K	L	M	N	O
齿数	21	21	63	23	43	23	94	75	35	145	58	20	29	146	98
模数	1	1	1	1	1	1	1	1	1	1	3	3	2	2	3

首先，改变齿轮的啮合误差幅值以对应不同的精度等级，从而考察各级齿轮精度对关节动力学的影响。根据国标推荐相互啮合齿轮副的精度等级相同，这里每级齿轮采用相同的精度等级。目前，航天较常用的精度等级为 5～7 级，但高精度加工难度较大。

对于 G1 级行星齿轮，随着精度等级的降低，关节转速的波动幅值有所增加，且随着

精度的降低，振动的分量中 60 Hz 以上的高频成分的比重逐渐增加，如图 3 - 34 和图 3 - 35 所示。可见，G1 级主要影响系统的高频成分。

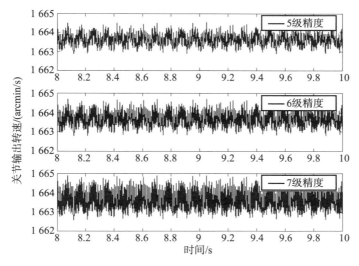

图 3 - 34　G1 级在不同精度下关节转速

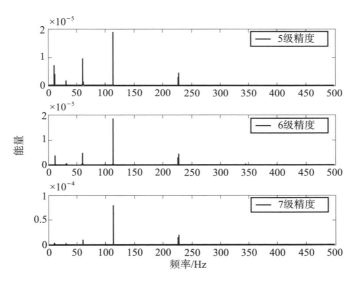

图 3 - 35　G1 级在不同精度下关节转速频谱特性

随着 G2 级直齿轮精度等级的降低，如图 3 - 36 所示，关节转速的波动幅值有所增加，但幅值变化没有 G1 级明显。此外，随着精度的降低，振动的分量中 60 Hz 左右的中频成分的比重逐渐增加，如图 3 - 37 所示，即 G2 级主要影响系统的中频成分。

G3 级复合行星齿轮在不同精度等级下，关节的输出转速及其频谱特性如图 3 - 38 和图 3 - 39 所示。随着精度等级的降低，关节转速的波动幅值有所增加，幅值增量与 G1 级相似。且低精度下，振动的分量中 60 Hz 以下低频成分的比重逐渐增加，从而降低了系统的稳定裕度。可见，G3 级主要影响系统振动的低频成分。

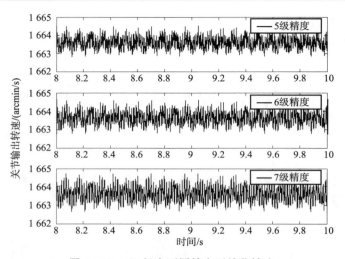

图 3 - 36　G2 级在不同精度下关节转速

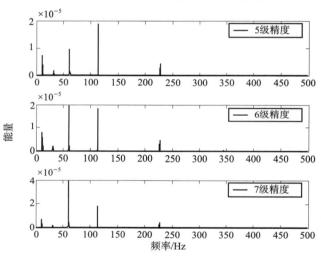

图 3 - 37　G2 级在不同精度下关节转速频谱特性

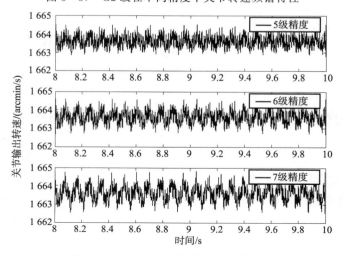

图 3 - 38　G3 级在不同精度下关节转速

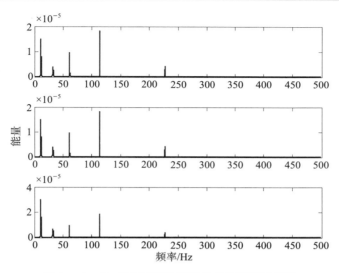

图 3 - 39　G3 级在不同精度下关节转速频谱特性

关节在 2.773（°）/s、13.863（°）/s 和 27.726（°）/s 三种关节均值输出转速下，关节的输出转速曲线及其频谱特性如图 3 - 40 和图 3 - 41 所示。可以看出，关节转速波动的主要频率成分为转速的函数，随着转速的增加，振动频率也随之增加，同时波动的幅值也随之大幅增加。

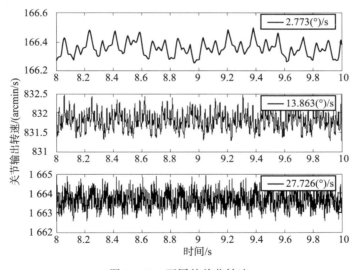

图 3 - 40　不同的关节转速

在空载、半载（100 N·m）和满载（200 N·m）作用下，关节的稳态输出转速曲线及其频谱特性如图 3 - 42 和图 3 - 43 所示。随着力矩负载的增大，关节转速波动幅值显著增大。在半载时，振动能量主要集中在 30 Hz 左右的低频成分。在满载时，所有的高阶频率成分都明显激励。因此，空间机械臂运行中，要控制臂杆及目标物体的运动加速度尽量小，以减小力矩负载影响。

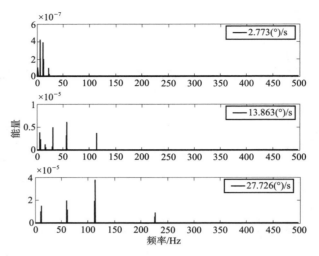

图 3 - 41　不同的关节转速的频谱特性

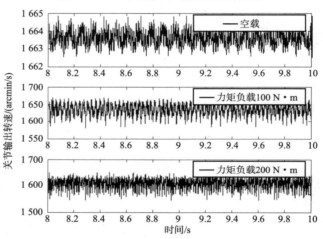

图 3 - 42　不同力矩负载下的关节转速

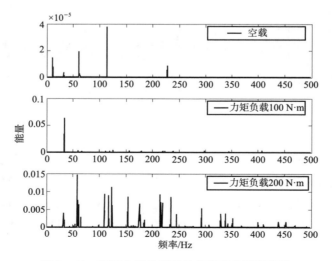

图 3 - 43　不同力矩负载下关节转速的频谱特性

在空载、$100\ \mathrm{kg \cdot m^2}$ 和 $200\ \mathrm{kg \cdot m^2}$ 的惯性负载作用下，关节的稳态输出转速曲线及其频谱特性如图 3-44 和图 3-45 所示。空载时关节的速度波动较大，随着惯性负载的增大，转速波动减小，且振动分量中低频与高频成分的比重减小，能量主要集中在 60 Hz 左右的中频上。可见，空载时的稳定性较装载时的稳定性差。因此，空载时要适当降低关节的速度，以减小波动。

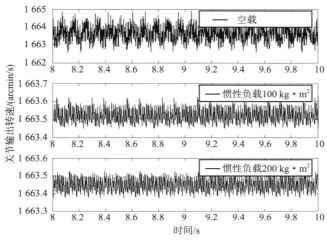

图 3-44　不同惯性负载下的关节转速

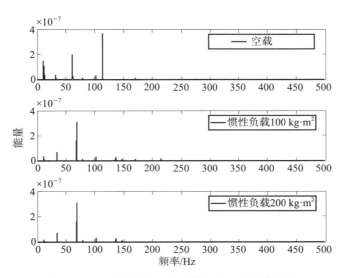

图 3-45　不同惯性负载下关节转速的频谱特性

3.6　小结

本章首先建立了刚性支承定轴齿轮系的动力学模型，模型中重点考虑了传动轴的柔性和轮齿柔性、啮合阻尼、齿侧间隙等啮合特性。其中，利用双曲正切函数的特有性质，建立传统分段线性化间隙模型的连续函数近似表达形式，极大地简化了计算，并有助于扩大数值算法的稳定区域。

对行星齿轮进行了动力学建模，模型中综合考虑了时变啮合刚度、齿侧间隙和啮合误差等非线性因素。并将时变啮合刚度表示为行星轮转角的函数，以使时变啮合刚度在转速变化的情况下仍能进行傅里叶级数展开，从而解决变转速下动力学模型的描述和求解问题。同样，将啮合误差也表示为行星轮转角的函数，以适应转速变化。通过数值求解，分析了转速、齿侧间隙、啮合误差以及力矩负载等重要参数对行星齿轮动力学特性的影响。

建立了综合考虑轮齿柔性、啮合阻尼、齿侧间隙和啮合误差等因素的关节的精细化动力学模型。通过动力学分析发现，三级齿轮的精度变化会影响关节转速波动的振幅并分别影响高、中、低频特性；转速的增加将提高振动频率和幅值；力矩负载的增大会使关节转速波动幅值显著增大，且在满载时，所有的高阶频率都得到明显激励；惯性负载的增大会减小转速波动，并将能量集中在中频上。

第4章　空间机械臂多体动力学

空间机械臂多体动力学建模在空间机械臂实际运动控制中占有非常重要的地位。动力学模型描述了空间机械臂的运动参数与各关节驱动力矩之间的关系。按照空间机械臂动力学分析功能的不同，可分为两类问题：

1）空间机械臂正动力学问题（forward dynamics）。空间机械臂正动力学问题是已知各个关节的驱动力矩情况下求解空间机械臂的运动参数（即已知力求运动）。正动力学问题的求解对空间机械臂的仿真有重要意义，能更准确地反映真实机械臂的动力学特性，预测空间机械臂的关节及末端轨迹。

2）空间机械臂逆动力学问题（inverse dynamics）。空间机械臂逆动力学问题是已知空间机械臂运动参数的情况下求解各个关节的驱动力矩（即已知运动求力）。逆动力学问题的求解是空间机械臂控制器设计的基础，其重点在于给关节提供准确的驱动力矩指令。

4.1　空间机械臂多体动力学建模方法

空间机械臂的轻质、负载质量大、活动范围大的设计特点决定了机械臂一般设计为细长结构，而细长结构和大质量的末端负载使得机械臂系统频率一般在零点几赫兹，柔性特征十分明显，由此带来的动力学与控制问题影响着空间机械臂在轨应用的效果。SRMS的应用结果表明，其约有30％的工作时间被用于等待振动的衰减，可见，空间机械臂大柔性的特点严重影响了机械臂的工作效率。针对机械臂的动力学与控制问题，国内外相关研究机构相继展开了空间机械臂动力学与控制研究。

4.1.1　柔性多体系统动力学发展概述

多体系统是指由多个物体通过运动副连接的复杂机械系统，多体系统可以分为刚性多体系统和柔性多体系统。刚性多体系统一般对应于低速运动的系统，由于其弹性变形不影响其大范围的运动特性，因此均被假定为刚体；柔性多体系统是指在大型、轻质、高速等工况下，组成系统的物体的弹性变形直接影响了系统的运动特性，因而将所有或部分物体假定为柔性体。

空间机械臂是典型的柔性多体系统，由机械臂臂杆、关节、末端执行器等组成，图1-2展示了加拿大SPAR公司的SRMS机械臂的组成。为了给关节提供准确的输出力矩指令、预测机械臂关节及末端的轨迹，需要建立并求解机械臂的多体动力学模型。常用的多体动力学建模方法主要有Newton-Euler法、Lagrange法和Kane法等，这几类方法各有所长，目前国外载人航天器机械臂广泛应用的动力学建模方法主要是 Newton‐Euler 法和 Lagrange 法；对柔性体进行离散化处理的方法主要是集中参数法（LMM）、有限元法（FEM）、有限段法和假设模态法（AMM）。

柔性多体系统动力学是刚性多体系统动力学的自然延伸，从计算多体系统动力学角度看，柔性多体系统动力学的数学模型首先应该和刚体系统与结构动力学有一定的兼容性。当系统中的柔性体变形可以不计时，即退化为刚性多体系统。当部件间的大范围运动不存在时，即退化为结构动力学问题。

目前为止，柔性多体系统的建模理论发展大体可以分为以下 3 个阶段：

1）运动‐弹性动力学建模方法。该方法的实质是将柔性多体系统动力学问题转化为刚性多体系统动力学与结构动力学的简单叠加，其中刚体运动由刚体机构运动分析方法得到，弹性变形用弹性动力学求出，忽略两者之间的耦合。这一建模方法广泛应用于连杆机构的弹性动力分析。

2）混合坐标建模方法。该方法首先对柔性构件建立浮动坐标系，将构件的位形认为是浮动坐标系的大范围运动与相对该坐标的变形的叠加。混合坐标建模方法虽然考虑了构件弹性变形与大范围运动的相互影响，但对低频的大范围刚体运动和高频的柔性体变形运动之间的耦合处理得过于简单。从实质上看这种方法是零次近似的刚柔耦合方法。

3）动力刚化问题的研究。对于做大范围运动弹性梁进行了研究，指出在采用零次近似耦合模型处理高速旋转的悬臂梁的动力分析中将产生发散的错误结论，构件在高速旋转时，它的刚度将发生改变，即动力刚化。

4.1.2　大型空间机械臂多体动力学建模方法

为了预测并验证 SRMS 的动力学性能，加拿大 SPAR 公司从 1974 年起，耗时 18 个月建立了两套多体动力学仿真系统：实时仿真设备（The Real‐Time Simulation Facility，SIMFAC）和非实时仿真设备。非实时仿真设备采用集中参数法将机械臂简化为由 7 个集中质量体组成的开环链（Open Kinematic Chain）（见图 4‐1），每个关节被简化为一个杆和一个转动副，杆的两端各连接一个扭簧用来模拟关节壳体的扭转刚度。非实时仿真设备用几段具有集中质量的悬臂梁来计算臂杆的模态特征，计算中只涉及了臂杆的弯曲变形而忽略了臂杆的剪切变形。

SPAR 公司在机械臂的每个杆与前后杆的连接处固连两个坐标系（见图 4‐2），其中 $F_0X_0Y_0Z_0$ 是基座坐标系（与航天器本体相固连的坐标系）；$F_{i-1}X_{i-1}Y_{i-1}Z_{i-1}$ 和 $F'_{i-1}X'_{i-1}Y'_{i-1}Z'_{i-1}$ 是与杆 $i-1$ 相固连的两个坐标系；$F_iX_iY_iZ_i$ 和 $F'_iX'_iY'_iZ'_i$ 是与杆 i 相固连的两个坐标系。通过坐标系 $F'_{i-1}X'_{i-1}Y'_{i-1}Z'_{i-1}$ 和 $F_iX_iY_iZ_i$ 的坐标变换矩阵，建立杆 $i-1$ 与杆 i 的相对运动关系。这样，由杆 $i-1$ 的运动参数（含角度位移、角速度和角加速度）可以递推得到杆 i 的运动参数，分析臂杆间的作用力，利用 Newton‐Euler 法得到机械臂动力学模型的一般形式

$$\sum_j \boldsymbol{F}_{j,i} = \frac{\mathrm{d}(m_i \boldsymbol{v}_i)}{\mathrm{d}t} = m_i \boldsymbol{a}_i^{ci} \tag{4-1}$$

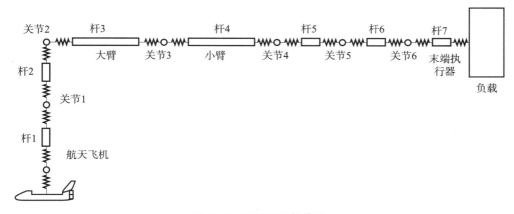

图 4 - 1　SRMS 柔性模型

$$\sum_j \boldsymbol{T}_{j,i} + \sum_j \boldsymbol{r}_j^{c_i} \times \boldsymbol{F}_{j,i} = \frac{\mathrm{d}(J_i \dot{\boldsymbol{\theta}}_i)}{\mathrm{d}t} = J_i \ddot{\boldsymbol{\theta}}_i + \dot{\boldsymbol{\theta}}_i \times (J_i \dot{\boldsymbol{\theta}}_i) \qquad (4-2)$$

式中，$\boldsymbol{F}_{j,i}$ 和 $\boldsymbol{T}_{j,i}$ 分别为杆 j 对杆 i 施加的合力与合力矩（j 对应于图 $4-2$ 中 $i-1$ 和 $i+1$），显然，$\boldsymbol{F}_{j,i} = -\boldsymbol{F}_{i,j}$、$\boldsymbol{T}_{j,i} = -\boldsymbol{T}_{i,j}$；$\boldsymbol{r}_j^{c_i}$ 则为坐标系 $O_j X_j Y_j Z_j$ 的坐标原点 O_j 到质心 C_i 的矢量；J_i 和 m_i 分别为杆 i 的转动惯量和质量；$\boldsymbol{v}_i$ 和 $\boldsymbol{a}_i^{c_i}$ 分别表示杆 i 质心 C_i 的平动速度和加速度；$\dot{\boldsymbol{\theta}}_i$ 和 $\ddot{\boldsymbol{\theta}}_i$ 为杆 i 的角速度和角加速度。

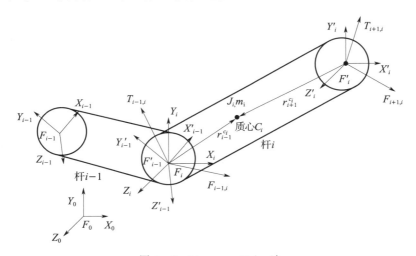

图 4 - 2　Newton - Euler 法

　　非实时仿真设备根据末端轨迹规划计算机械臂开环系统各个部件的运动参数，采用运动-弹性动力学法把机械臂看作运动的弹性系统，在描述机械臂大范围运动时，将臂杆视为刚体；描述机械臂变形时将臂杆视为柔性体。对应地，非实时仿真设备的动力学模型由两部分组成，一部分用于描述柔性体的高频振动，另一部分用于描述刚体的低频运动。非实时仿真设备把外力和刚体惯性力施加到柔性臂杆上计算柔性体的变形，并将此变形与臂杆刚性运动叠加，在此基础上求出机械臂的运动学和动力学参数。这种算法简化了动力学求解的难度，但是忽略了柔性体变形与刚体运动的相互影响，这也是非实时仿真设备仿真结果与 SRMS 遥测数据之间总存在较大误差的原因之一。

　　20 世纪 90 年代中期，为了辅助组装和维护国际空间站上的俄罗斯舱段，荷兰 Fokker 公司开始研制欧洲机械臂并开发了欧洲机械臂的多体动力学仿真系统 ESF（ERA Simulation Facility），该系统采用臂杆的前两阶弯曲模态与第一阶扭转模态来表征臂杆柔性特征；同时将关节简化为非线性扭簧来表征关节扭转刚度特征，关节摩擦力矩模型则采用如图 4-3 所示的模型，为了方便计算，ESF 将试验测量的动摩擦力矩作为常值处理。

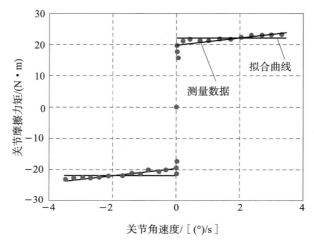

图 4-3　关节摩擦力矩模型

　　与加拿大 1 臂非实时仿真设备一样，ESF 也是采用运动-弹性动力学法建立欧洲臂柔性多体动力学模型，因此也存在同样的问题，即忽略了柔性体变形与刚性运动的相互影响。

　　2001 年应用于国际空间站的 7 自由度机械臂 SSRMS 利用其冗余自由度灵巧避障、避奇异点，改善了各关节的力矩状况，这也是 SSRMS 优于 SRMS、JEMRMS 的地方。加拿大航天局采用 Lagrange 法建立 SSRMS 多体动力学模型，采用神经网络法来优化轨迹及各个关节的输出。

　　通过定义与各个关节相固连的坐标系（见图 4-4），并将每个关节的转角定义为广义坐标，即可得到各个部件之间的坐标变换矩阵和各个部件间的运动关系，通过系统动能和系统势能建立了机械臂的动力学模型

$$L = Q - V \tag{4-3}$$

$$T_i = \frac{\mathrm{d}}{\mathrm{d}t}\left[\frac{\partial L}{\partial \dot{\theta}_i}\right] - \frac{\partial L}{\partial \theta_i} \tag{4-4}$$

其中，Q 为机械臂的系统动能，V 为机械臂的系统势能，T_i 为关节 i 的输出力矩，L 为 Lagrange 函数。

　　在图 4-4 中，θ_i 和 θ_{i+1} 分别为杆 i 和 $i+1$ 相对于前一杆的转角，$\dot{\theta}_i$ 和 $\dot{\theta}_{i+1}$ 则为对应的

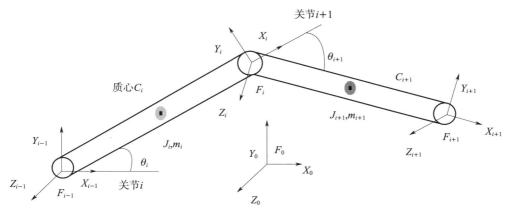

图 4 - 4　Lagrange 法建模

角速度。

　　混合坐标法将空间机械臂臂杆假设为弹性连续体，在臂杆上建立浮动坐标系（坐标系与柔性臂杆固连，柔性臂杆的变形使坐标系的坐标原点位置及坐标轴方向都随之改变，故称为浮动坐标系），则柔性臂杆上任意一点的位置坐标由浮动坐标系的刚体坐标与柔性体相对于浮动坐标系的模态坐标叠加得到。相比于 SRMS 的动力学模型，混合坐标法建立的动力学模型描述了空间机械臂系统大范围刚性运动与柔性振动的相互影响，更加接近实际情况。

　　20 世纪 90 年代中期，日本宇宙航空研究开发机构（JAXA）也开展了空间机械臂 JEMRMS 的多体动力学研究，最初也是利用有限元法计算模态特征值。JEMRMS 能够实现电池插拔等灵巧操作，但最大操作载荷只有 7 000 kg，日本宇宙航空研究开发机构认为，JEMRMS 臂杆为刚性，因此只考虑关节柔性，这方面与 SRMS、ERA、SSRMS 等有很大不同。

　　2007 年，美国约翰逊航天中心（Johnson Space Center，JSC）认为，简单将 SSRMS 臂杆假设为末端自由的悬臂梁来建立 SSRMS 动力学模型并不能反映实际情况，于是 JSC 采用 Lagrange 法建立了一套 SSRMS 模拟臂的动力学模型，并在求解柔性臂杆模态方程时，在末端边界条件中加入了末端质量影响因子，以表征不同末端质量下臂杆的模态特性，经过试验验证，修正末端边界后的动力学模型更加符合试验结果。

　　2009 年，哈尔滨工业大学利用 Newton - Euler 法建立了含空间站、机械臂及负载的多体系统动力学模型，其中柔性臂杆模型也是通过混合坐标法建立的，并针对关节与机械臂末端振动抑制问题提出了一种控制策略。

　　上述空间机械臂动力学建模方法的比较见表 4 - 1。

表 4 - 1　空间机械臂动力学建模方法比较

	自由度 N	多体系统建模理论与特点		臂杆离散化方法	刚柔耦合系统建模方法与特点	
		建模理论	特点		建模方法	特点
SRMS	6	Newton - Euler 法	1）Newton - Euler 法建模需要参考笛卡儿坐标系,物理概念明确,但是建模过程与各个部件坐标系、形状等联系紧密,不利于快速程序化建模 2）建模过程中公式推导量与机械臂自由度数呈线性关系	集中参数法	运动-弹性动力学法	未考虑臂杆运动与臂杆振动的耦合,计算量小,仿真结果与遥测结果误差较大
ERA	7		3）引入了内力项,增加了未知数,增加了动力学方程的个数	—		
SSRMS	7	Lagrange 法	1）Lagrange 法依托独立坐标,不用考虑变量的具体物理概念,过程简单,方便快捷,适合编写通用程序 2）建模过程中公式推导量与机械臂自由度数呈几何级数关系	假设模态法	混合坐标法	考虑臂杆运动与臂杆振动的耦合,计算量大,更接近实际
JEMRMS	6		3）采用独立坐标,动力学方程个数与广义变量数相同		—	—

注:表中的"—"是指未见相关文献报道。

　　荷兰国家航空航天实验室经过调研后认为,采用 Lagrange 法建立的空间机械臂动力学模型比牛顿欧拉法建立的动力学模型规模小,计算效率更高。对于柔性多体系统,采用混合坐标法建模考虑了刚性运动与柔性振动的耦合,更符合实际情况。因此,推荐用 Lagrange 法建立空间机械臂多体动力学模型,同时用混合坐标法描述臂杆柔性变形与刚性运动的耦合。

4.2　空间机械臂多体动力学建模

　　本章 4.1 节详细分析了常用于航天器工程的多体系统动力学建模方法。动力学建模在空间机械臂实际运动控制中占有非常重要的地位,动力学模型描述了空间机械臂的运动参数与各关节驱动力矩之间的关系。

4.2.1　系统组成

　　由 7 自由度空间机械臂、主动舱及对接机构（含对接框）组成的一个系统如图 4 - 5 所示。坐标系 $F_e x_e y_e z_e$ 固连在对接框上,x_e 轴沿主动舱及对接框的轴线向外、y_e 轴与 z_e 轴均垂直于 x_e 轴,且符合右手法则;基座坐标系 $F_0 x_0 y_0 z_0$ 固连在被动舱上,如图 4 - 5 所示。

　　针对如图 4 - 6 所示机械臂初始构型,做出如下说明:

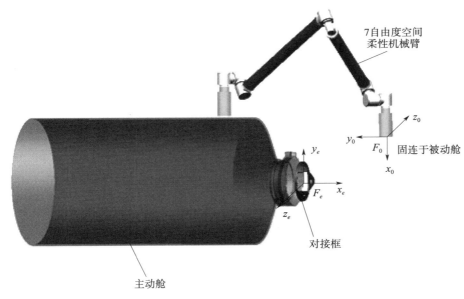

图 4 - 5 系统组成

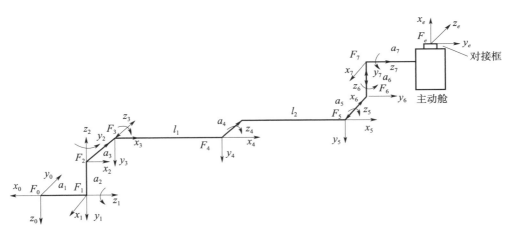

图 4 - 6 系统初始构型

1）将各关节简化为一段长度为 $a_i(i=1, 2, \cdots, 7)$ 的杆；

2）空间机械臂臂杆长度分别为 l_1、l_2；

3）各个关节对应坐标系 F_i 固连于各个关节 i；

4）机械臂呈对称结构，故将其坐标系也定义为对称形式；

5）定义坐标系 F_e 坐标原点在对接框圆心，并定义对接框圆心为目标解析点 POR（point of resolution）；

6）为了方便建模，各关节固连坐标系的转轴均为 z 轴；

7）关节 i 转角定义为 θ_i。

4.2.2 运动学建模

4.2.2.1 目标解析点位置推导

为了方便推导，采用齐次坐标描述各坐标系之间的变换关系。坐标系 F_0 与坐标系 F_1 之间的齐次变换矩阵为

$$\boldsymbol{A}_{0,1} = \begin{pmatrix} 0 & 0 & -1 & -a_1 \\ -\cos\theta_1 & \sin\theta_1 & 0 & 0 \\ \sin\theta_1 & \cos\theta_1 & 0 & 0 \\ 0 & 0 & 0 & 1 \end{pmatrix} \tag{4-5}$$

坐标系 F_1 与坐标系 F_2 之间的齐次变换矩阵为

$$\boldsymbol{A}_{1,2} = \begin{pmatrix} -\sin\theta_2 & -\cos\theta_2 & 0 & 0 \\ 0 & 0 & -1 & -a_2 \\ \cos\theta_2 & -\sin\theta_2 & 0 & 0 \\ 0 & 0 & 0 & 1 \end{pmatrix} \tag{4-6}$$

坐标系 F_2 与坐标系 F_3 之间的齐次变换矩阵为

$$\boldsymbol{A}_{2,3} = \begin{pmatrix} \cos\theta_3 & -\sin\theta_3 & 0 & 0 \\ 0 & 0 & 1 & a_3 \\ -\sin\theta_3 & -\cos\theta_3 & 0 & 0 \\ 0 & 0 & 0 & 1 \end{pmatrix} \tag{4-7}$$

坐标系 F_3 与坐标系 F_4 之间的齐次变换矩阵为

$$\boldsymbol{A}_{3,4} = \begin{pmatrix} \cos\theta_4 & -\sin\theta_4 & 0 & l_1 \\ \sin\theta_4 & \cos\theta_4 & 0 & 0 \\ 0 & 0 & 1 & 0 \\ 0 & 0 & 0 & 1 \end{pmatrix} \tag{4-8}$$

坐标系 F_4 与坐标系 F_5 之间的齐次变换矩阵为

$$\boldsymbol{A}_{4,5} = \begin{pmatrix} \cos\theta_5 & -\sin\theta_5 & 0 & l_2 \\ \sin\theta_5 & \cos\theta_5 & 0 & 0 \\ 0 & 0 & 1 & a_4 \\ 0 & 0 & 0 & 1 \end{pmatrix} \tag{4-9}$$

坐标系 F_5 与坐标系 F_6 之间的齐次变换矩阵为

$$\boldsymbol{A}_{5,6} = \begin{pmatrix} \sin\theta_6 & \cos\theta_6 & 0 & 0 \\ 0 & 0 & -1 & 0 \\ -\cos\theta_6 & \sin\theta_6 & 0 & a_5 \\ 0 & 0 & 0 & 1 \end{pmatrix} \tag{4-10}$$

坐标系 F_6 与坐标系 F_7 之间的齐次变换矩阵为

$$\boldsymbol{A}_{6,7} = \begin{pmatrix} \cos\theta_7 & -\sin\theta_7 & 0 & 0 \\ 0 & 0 & 1 & 0 \\ -\sin\theta_7 & -\cos\theta_7 & 0 & a_6 \\ 0 & 0 & 0 & 1 \end{pmatrix} \tag{4-11}$$

坐标系 F_7 与坐标系 F_e 之间的齐次变换矩阵为

$$\boldsymbol{A}_{7,e} = \begin{pmatrix} 0 & 0 & -1 & l_x \\ -1 & 0 & 0 & l_y \\ 0 & 1 & 0 & l_z \\ 0 & 0 & 0 & 1 \end{pmatrix} \tag{4-12}$$

式（4-12）中，$(l_x，l_y，l_z)$ 为目标解析点相对于坐标系 F_7 的位置坐标，则坐标系 F_e 与坐标系 F_0 之间的传递矩阵为

$$^0\boldsymbol{A}_e = \boldsymbol{A}_{0,1}\,\boldsymbol{A}_{1,2}\,\boldsymbol{A}_{2,3}\,\boldsymbol{A}_{3,4}\,\boldsymbol{A}_{4,5}\,\boldsymbol{A}_{5,6}\,\boldsymbol{A}_{6,7}\,\boldsymbol{A}_{7,e} \tag{4-13}$$

机械臂末端位置在坐标系 F_0 的描述为

$$\begin{cases} x_e^0 = {}^0\boldsymbol{A}_e(1,4) \\ y_e^0 = {}^0\boldsymbol{A}_e(2,4) \\ z_e^0 = {}^0\boldsymbol{A}_e(3,4) \end{cases} \tag{4-14}$$

末端执行器姿态相对于坐标系 F_0 姿态变换矩阵 $\boldsymbol{Z}_e^0$ 为

$$\boldsymbol{Z}_e^0 = \begin{pmatrix} {}^0\boldsymbol{A}_e(1,1) & {}^0\boldsymbol{A}_e(1,2) & {}^0\boldsymbol{A}_e(1,3) \\ {}^0\boldsymbol{A}_e(2,1) & {}^0\boldsymbol{A}_e(2,2) & {}^0\boldsymbol{A}_e(2,3) \\ {}^0\boldsymbol{A}_e(3,1) & {}^0\boldsymbol{A}_e(3,2) & {}^0\boldsymbol{A}_e(3,3) \end{pmatrix} \tag{4-15}$$

由式（4-14）与式（4-15）可以得到末端位置、姿态与关节角度的关系。根据末端位置和姿态可以求出各个关节角度信息。

4.2.2.2　目标解析点速度推导

由 4.2.2.1 中各个坐标系的转换矩阵可以得到任意坐标系 F_i 到末端坐标系的传递矩阵为

$$^i\boldsymbol{A}_e = \boldsymbol{A}_{i,i+1}\,\boldsymbol{A}_{i+1,i+2}\cdots\boldsymbol{A}_{7,e}\quad(i=1,2,\cdots,7) \tag{4-16}$$

各个关节转动轴矢量为

$$\boldsymbol{P}_i = [0,0,0,0,0,1]^{\mathrm{T}} \tag{4-17}$$

则空间机械臂系统雅可比矩阵为

$$\boldsymbol{J}_{1e} = [{}^1\boldsymbol{A}_e \cdot \boldsymbol{P}_1, {}^2\boldsymbol{A}_e \cdot \boldsymbol{P}_2, {}^3\boldsymbol{A}_e \cdot \boldsymbol{P}_3, {}^4\boldsymbol{A}_e \cdot \boldsymbol{P}_4, {}^5\boldsymbol{A}_e \cdot \boldsymbol{P}_5, {}^6\boldsymbol{A}_e \cdot \boldsymbol{P}_6, {}^7\boldsymbol{A}_e \cdot \boldsymbol{P}_7] \tag{4-18}$$

末端速度矢量与角速度矢量为

$$\dot{\boldsymbol{x}}_e = \boldsymbol{J}_{1e}\dot{\boldsymbol{\theta}} \tag{4-19}$$

且 $\dot{\boldsymbol{x}}_e = [v_{ex}，v_{ey}，v_{ez}，\omega_{ex}，\omega_{ey}，\omega_{ez}]^{\mathrm{T}}$，$\dot{\boldsymbol{\theta}} = [\dot\theta_1，\dot\theta_2，\dot\theta_3，\dot\theta_4，\dot\theta_5，\dot\theta_6，\dot\theta_7]^{\mathrm{T}}$

根据式（4-19）可以得到关节角速度与末端速度矢量的关系为 $\dot{\boldsymbol{\theta}} = \boldsymbol{J}_{1e}^{-1}\dot{\boldsymbol{x}}_e$。

显然雅可比矩阵各列与其对应关节的传递矩阵和转动轴相关，而关节力矩矢量 $\boldsymbol{\tau}$ 符合

下式

$$\boldsymbol{\tau} = \boldsymbol{J}_{1e}{}^{T} \boldsymbol{F}_{e} \qquad\qquad (4-20)$$

式中，

$\boldsymbol{\tau} = [\tau_1, \tau_2, \tau_3, \tau_4, \tau_5, \tau_6, \tau_7]^{T}$，$\tau_i$ 为第 i 个关节力矩，$\boldsymbol{F}_e$ 为末端力矢量，$\boldsymbol{F}_e = [F_{ex}, F_{ey}, F_{ez}, T_{ex}, T_{ey}, T_{ez}]^{T}$。

显然可以通过变换机械臂构型来优化雅可比矩阵，得到规划的末端力矢量，同时也可以优化雅可比构型来降低关节力矩峰值，使各个关节受力更加均衡而不会出现某个关节受力或者出力过大的情况。

4.2.2.3　目标解析点加速度推导

由式（4-19）可知，机械臂末端加速度矢量 $\boldsymbol{a}_e$

$$\boldsymbol{a}_e = \boldsymbol{J}_{1e}\ddot{\boldsymbol{\theta}} + \dot{\boldsymbol{J}}_{1e}\dot{\boldsymbol{\theta}} \qquad\qquad (4-21)$$

4.2.3　动力学建模

对应图 4-7 中各个坐标系，为了便于建模，根据各个转动关节将机械臂及主动舱划分为 7 个杆：

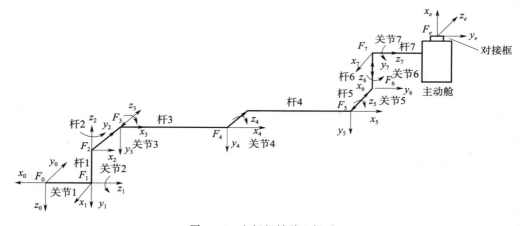

图 4-7　空间机械臂坐标系

4.2.3.1　七自由度空间机械臂动能

设杆 $i(i=1, 2, \cdots, 7, e)$ 中任意一微元在坐标系 F_i 中的齐次坐标为 ${}^{i}\boldsymbol{r} = [{}^{i}x \quad {}^{i}y \quad {}^{i}z \quad 1]^{T}$，则在坐标系 F_0 中的表达式为

$$ {}^{0}\boldsymbol{r}_i = {}^{0}\boldsymbol{A}_i {}^{i}\boldsymbol{r} \qquad\qquad (4-22)$$

式中，${}^{0}\boldsymbol{A}_i$ 为坐标系 F_i 与坐标系 F_0 之间的传递矩阵，其表达式为 ${}^{0}\boldsymbol{A}_i = \boldsymbol{A}_{0,1} \boldsymbol{A}_{1,2} \cdots \boldsymbol{A}_{i-1,i}$，$i = 1, 2, \cdots, 7, e$，而 $\dot{\boldsymbol{r}} = 0$，则该点的齐次速度定义为

$$ {}^{0}\dot{\boldsymbol{r}}_i = {}^{0}\dot{\boldsymbol{A}}_i {}^{i}\boldsymbol{r} = \left(\sum_{j=1}^{i} \frac{\partial {}^{0}\boldsymbol{A}_i}{\partial \theta_j} \dot{\theta}_j \right) {}^{i}\boldsymbol{r} \qquad\qquad (4-23)$$

设 dm 为该微元的质量，故该微元的动能

$$\mathrm{d}T_i = \frac{1}{2}\,{}^0\dot{\boldsymbol{r}}_i \bullet {}^0\dot{\boldsymbol{r}}_i\,\mathrm{d}m = \frac{1}{2}\mathrm{tr}({}^0\dot{\boldsymbol{r}}_i\,{}^0\dot{\boldsymbol{r}}_i{}^\mathrm{T})\mathrm{d}m$$

$$= \frac{1}{2}\mathrm{tr}\left[\left(\sum_{j=1}^{i}\frac{\partial^0\boldsymbol{A}_i}{\partial\theta_j}\dot{\theta}_j\right){}^i\boldsymbol{r}\left({}^i\boldsymbol{r}^\mathrm{T}\sum_{k=1}^{i}\frac{\partial^0\boldsymbol{A}_i^\mathrm{T}}{\partial\theta_k}\dot{\theta}_k\right)\right]\mathrm{d}m \qquad (4-24)$$

$$= \frac{1}{2}\mathrm{tr}\left(\sum_{j=1}^{i}\sum_{k=1}^{i}\frac{\partial^0\boldsymbol{A}_i}{\partial\theta_j}\,{}^i\boldsymbol{r}\,{}^i\boldsymbol{r}^\mathrm{T}\frac{\partial^0\boldsymbol{A}_i^\mathrm{T}}{\partial\theta_k}\dot{\theta}_j\dot{\theta}_k\right)\mathrm{d}m$$

式中 tr 表示矩阵的迹，对于方阵而言，迹为方阵对角线上各元素之和，由此即知杆 i 的动能

$$T_i = \int_{\text{杆}i}\mathrm{d}T_i = \frac{1}{2}\int_{\text{杆}i}\mathrm{tr}\left(\sum_{j=1}^{i}\sum_{k=1}^{i}\frac{\partial^0\boldsymbol{A}_i}{\partial\theta_j}\,{}^i\boldsymbol{r}\,{}^i\boldsymbol{r}^\mathrm{T}\frac{\partial^0\boldsymbol{A}_i^\mathrm{T}}{\partial\theta_k}\dot{\theta}_j\dot{\theta}_k\right)\mathrm{d}m$$

$$= \frac{1}{2}\mathrm{tr}\left[\sum_{j=1}^{i}\sum_{k=1}^{i}\frac{\partial^0\boldsymbol{A}_i}{\partial\theta_j}\left(\int_{\text{杆}i}{}^i\boldsymbol{r}\,{}^i\boldsymbol{r}^\mathrm{T}\mathrm{d}m\right)\frac{\partial^0\boldsymbol{A}_i^\mathrm{T}}{\partial\theta_k}\dot{\theta}_j\dot{\theta}_k\right] \qquad (4-25)$$

$$= \frac{1}{2}\sum_{j=1}^{i}\sum_{k=1}^{i}\mathrm{tr}\left(\frac{\partial^0\boldsymbol{A}_i}{\partial\theta_j}J_i\frac{\partial^0\boldsymbol{A}_i^\mathrm{T}}{\partial\theta_k}\right)\dot{\theta}_j\dot{\theta}_k$$

式中

$$\boldsymbol{J}_i = \int_{\text{杆}i}{}^i\boldsymbol{r}\,{}^i\boldsymbol{r}^\mathrm{T}\mathrm{d}m = \int_{\text{杆}i}\begin{pmatrix}{}^ix\\{}^iy\\{}^iz\\1\end{pmatrix}\begin{pmatrix}{}^ix & {}^iy & {}^iz & 1\end{pmatrix}\mathrm{d}m$$

$$= \begin{pmatrix}\dfrac{-{}^iI_x+{}^iI_y+{}^iI_z}{2} & {}^iI_{xy} & {}^iI_{xz} & {}^ix_{Ci}m_i\\[2mm]{}^iI_{xy} & \dfrac{{}^iI_x-{}^iI_y+{}^iI_z}{2} & {}^iI_{yz} & {}^iy_{Ci}m_i\\[2mm]{}^iI_{xz} & {}^iI_{yz} & \dfrac{{}^iI_x+{}^iI_y-{}^iI_z}{2} & {}^iz_{Ci}m_i\\[2mm]{}^ix_{Ci}m_i & {}^iy_{Ci}m_i & {}^iz_{Ci}m_i & m_i\end{pmatrix} \qquad (4-26)$$

$({}^ix_{Ci}\quad {}^iy_{Ci}\quad {}^iz_{Ci})^\mathrm{T}$ 为杆 i 质心在系 i 中的坐标表达式，$\boldsymbol{J}_i$ 为正定对称阵。

显然，对函数 $f(i, j)$ ，有恒等式

$$\sum_{i=1}^{n}\sum_{j=1}^{i}f(i,j) = \sum_{j=1}^{n}\sum_{i=j}^{n}f(i,j) \qquad (4-27)$$

$$\sum_{i=j}^{n}\sum_{k=1}^{i}f(i,k) = \sum_{k=1}^{n}\sum_{i=\max(j,k)}^{n}f(i,k) \qquad (4-28)$$

由此可知整个机械臂的动能

$$T = \sum_{i=1}^{n} T_i = \frac{1}{2} \sum_{i=1}^{n} \sum_{j=1}^{i} \sum_{k=1}^{i} \mathrm{tr}\left(\frac{\partial^0 \boldsymbol{A}_i}{\partial \theta_j} \boldsymbol{J}_i \frac{\partial^0 \boldsymbol{A}_i^{\mathrm{T}}}{\partial \theta_k} \right) \dot{\theta}_j \dot{\theta}_k$$

$$= \frac{1}{2} \sum_{j=1}^{n} \sum_{i=j}^{n} \sum_{k=1}^{i} \mathrm{tr}\left(\frac{\partial^0 \boldsymbol{A}_i}{\partial \theta_j} \boldsymbol{J}_i \frac{\partial^0 \boldsymbol{A}_i^{\mathrm{T}}}{\partial \theta_k} \right) \dot{\theta}_j \dot{\theta}_k$$

$$= \frac{1}{2} \sum_{j=1}^{n} \sum_{k=1}^{n} \left[\sum_{i=\max(j,k)}^{n} \mathrm{tr}\left(\frac{\partial^0 \boldsymbol{A}_i}{\partial \theta_j} \boldsymbol{J}_i \frac{\partial^0 \boldsymbol{A}_i^{\mathrm{T}}}{\partial \theta_k} \right) \right] \dot{\theta}_j \dot{\theta}_k \qquad (4-29)$$

$$= \frac{1}{2} \sum_{j=1}^{n} \sum_{k=1}^{n} m_{jk} \dot{\theta}_j \dot{\theta}_k$$

$$= \frac{1}{2} \dot{\boldsymbol{\theta}}^{\mathrm{T}} \boldsymbol{M}(\boldsymbol{\theta}) \dot{\boldsymbol{\theta}}$$

式中 $n=7$，矩阵 $\boldsymbol{M}(\boldsymbol{\theta}) = [m_{jk}]_{7\times7}$ 为机械臂的惯量阵。而

$$m_{jk} = \sum_{i=\max(j,k)}^{7} \mathrm{tr}\left(\frac{\partial^0 \boldsymbol{A}_i}{\partial \theta_j} \boldsymbol{J}_i \frac{\partial^0 \boldsymbol{A}_i^{\mathrm{T}}}{\partial \theta_k} \right) \qquad (4-30)$$

且

$$\frac{\partial^0 \boldsymbol{A}_i}{\partial \theta_j} = \frac{\partial(^0\boldsymbol{A}_1{}^1\boldsymbol{A}_2\cdots{}^{j-1}\boldsymbol{A}_j\cdots{}^{i-1}\boldsymbol{A}_i)}{\partial \theta_j}$$

$$= {}^0\boldsymbol{A}_1{}^1\boldsymbol{A}_2\cdots\frac{\partial^{j-1}\boldsymbol{A}_j}{\partial \theta_j}\cdots{}^{i-1}\boldsymbol{A}_i \qquad (4-31)$$

定义 $\dfrac{\partial^{j-1}\boldsymbol{A}_j}{\partial \theta_j} = {}^{j-1}\boldsymbol{Q}_j{}^{j-1}\boldsymbol{A}_j$，则式（4-31）可以变换为

$$\frac{\partial^0 \boldsymbol{A}_i}{\partial \theta_j} = {}^0\boldsymbol{A}_{j-1}{}^{j-1}\boldsymbol{Q}_j{}^{j-1}\boldsymbol{A}_i \qquad (4-32)$$

代入式（4-30）可以求解 m_{jk}，此系数与关节角加速度有关。当 $j=k$ 时，m_{jj} 只与关节 j 的角加速度有关，当 $j \neq k$，m_{jk} 表示由关节 k 的角加速度引起的作用于 j 关节的作用力矩系数，反之亦然。由于 $\boldsymbol{J}$ 矩阵是正定对称的，且 $\mathrm{tr}(\boldsymbol{A}) = \mathrm{tr}(\boldsymbol{A}^{\mathrm{T}})$，可证明 $m_{jk} = m_{kj}$，即矩阵 $\boldsymbol{M}(\boldsymbol{\theta})$ 也是正定对称阵。

4.2.3.2 七自由度空间机械臂势能

空间微重力环境下，可以忽略机械臂的重力势能。此时动力学模型不考虑关节势能对空间机械臂系统动力学的影响。

4.2.3.3 七自由度空间机械臂动力学方程

空间机械臂 Lagrange 函数为

$$L = T - V \qquad (4-33)$$

式中 $T = \sum\limits_{i=1}^{7} T_i$ 为各个杆的动能；$V = 0$。

根据第二类 Lagrange 方程，得到各个关节的驱动力矩 τ_i 为

$$\tau_i = \frac{\mathrm{d}}{\mathrm{d}t}\left(\frac{\partial L}{\partial \dot{\theta}_i} \right) - \frac{\partial L}{\partial \theta_i}, (i=1,2,\cdots,7) \qquad (4-34)$$

而

$$\frac{\partial L}{\partial \dot{\boldsymbol{\theta}}_i} = \frac{\partial T}{\partial \dot{\boldsymbol{\theta}}_i} = \sum_{k=1}^{7} m_{ik} \dot{\boldsymbol{\theta}}_k \tag{4-35}$$

$$\frac{\mathrm{d}}{\mathrm{d}t} \frac{\partial L}{\partial \dot{\boldsymbol{\theta}}_i} = \sum_{k=1}^{7} m_{ik} \ddot{\boldsymbol{\theta}}_k + \sum_{k=1}^{7} \dot{m}_{ik} \dot{\boldsymbol{\theta}}_k \tag{4-36}$$

$$\frac{\partial L}{\partial \boldsymbol{\theta}_i} = \frac{\partial T}{\partial \boldsymbol{\theta}_i} = \frac{1}{2} \dot{\boldsymbol{\theta}}^{\mathrm{T}} \frac{\partial \boldsymbol{M}}{\partial \boldsymbol{\theta}_i} \dot{\boldsymbol{\theta}} \tag{4-37}$$

故 Lagrange 方程可写为

$$\tau_i = \sum_{k=1}^{7} m_{ik} \ddot{\theta}_k + \sum_{k=1}^{7} \dot{m}_{ik} \dot{\theta}_k - \frac{1}{2} \dot{\boldsymbol{\theta}}^{\mathrm{T}} \frac{\partial \boldsymbol{M}}{\partial \boldsymbol{\theta}_i} \dot{\boldsymbol{\theta}}, i = 1, 2, \cdots, 7 \tag{4-38}$$

而

$$\dot{m}_{ik} = \sum_{j=1}^{7} \frac{\partial m_{ik}}{\partial \theta_j} \dot{\theta}_j \tag{4-39}$$

$$\frac{1}{2} \dot{\boldsymbol{\theta}}^{\mathrm{T}} \frac{\partial \boldsymbol{M}}{\partial \theta_i} \dot{\boldsymbol{\theta}} = \frac{1}{2} \sum_{k=1}^{7} \sum_{j=1}^{7} \frac{\partial m_{kj}}{\partial \theta_i} \dot{\theta}_j \dot{\theta}_k \tag{4-40}$$

则式（4-38）可变为

$$\tau_i = \sum_{k=1}^{7} m_{ik} \ddot{\theta}_k + \sum_{k=1}^{7} \sum_{j=1}^{7} \left(\frac{\partial m_{ik}}{\partial \theta_j} \dot{\theta}_j \dot{\theta}_k - \frac{1}{2} \frac{\partial m_{kj}}{\partial \theta_i} \dot{\theta}_j \dot{\theta}_k \right) \tag{4-41}$$

令 $C_i = [c_{jk}^i]_{7 \times 7}$ ，其中 $c_{jk}^i = \frac{\partial m_{ik}}{\partial \theta_j} - \frac{1}{2} \frac{\partial m_{kj}}{\partial \theta_i}$

C_i 为 7×7 科氏力、离心力矩阵，j、k 为其中的行、列坐标，则

$$\tau_i = \sum_{k=1}^{7} m_{ik} \ddot{\theta}_k + \dot{\boldsymbol{\theta}}^{\mathrm{T}} \boldsymbol{C}_i \dot{\boldsymbol{\theta}}, i = 1, 2, \cdots, 7 \tag{4-42}$$

写成矩阵形式为

$$\boldsymbol{\tau} = \boldsymbol{M}(\boldsymbol{\theta}) \ddot{\boldsymbol{\theta}} + \boldsymbol{C}(\boldsymbol{\theta}, \dot{\boldsymbol{\theta}}) \dot{\boldsymbol{\theta}} \tag{4-43}$$

其中，$\boldsymbol{M}(\boldsymbol{\theta})$ 为机械臂系统惯量阵；$\boldsymbol{C}(\boldsymbol{\theta}, \dot{\boldsymbol{\theta}})$ 为科氏力与离心力向量，其中含 $\dot{\theta}_i^2$ 的项为离心力，含 $\dot{\theta}_i \dot{\theta}_j (i \neq j)$ 的项为科氏力；$\boldsymbol{\tau}$ 为机器人各关节的驱动力矩向量。

4.3　关节/臂杆全柔性多体动力学建模

为建立综合考虑关节动力学特性和臂杆柔性的空间机械臂系统动力学模型，在第 3 章中已建立的综合考虑轮齿柔性、啮合阻尼、齿侧间隙以及啮合误差的关节精细化动力学模型的基础上，建立柔性臂杆的动力学模型。

定义 oxy 为惯性坐标系，$\theta_i (i = 1, 2, \cdots, n)$ 为第 i 个关节相对惯性坐标系的转角，以逆时针旋转为正，如图 4-8 所示。

利用假设模态法模拟臂杆的弹性变形，其前提假设如下：

1) 臂杆的质量和弹性特性沿臂杆延伸方向均匀分布；

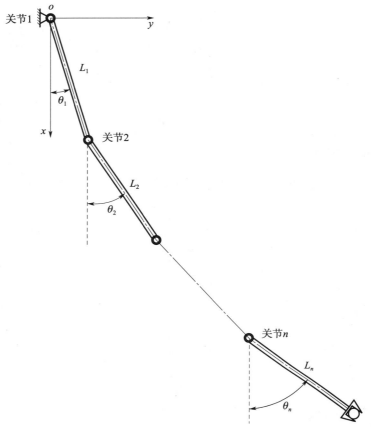

图 4 - 8　平面 n 自由度机械臂坐标系与参数定义

2）忽略臂杆的横向剪切应力和由弹性变形带来的惯性力矩，即将臂杆假设为 Euler - Bonouli 梁；

3）忽略臂杆的轴向变形；

4）假设臂杆的扭转和弯曲耦合很小，可以忽略；

5）假设臂杆的弹性变形很小，可以在动力学方程中忽略包含弹性变形的二阶及以上项；

6）假设关节的质量集中于关节的中心。

定义 $o_i x_i y_i (i = 1, 2, \cdots, n)$ 为第 i 根臂杆的随体坐标系，如图 4 - 9 所示。由假设模态法，臂杆的横向弹性变形的表达式为

$$v_i(x_i, t) = \sum_{j=1}^{n_i} \varphi_{ij}(x_i) \cdot q_{ij}(t) \qquad (i = 1, 2, \cdots, n) \qquad (4 - 44)$$

其中，$\varphi_{ij}(x_i)$ 为模态形函数，$q_{ij}(t)$ 为广义坐标。

本节采用悬臂梁的形函数来模拟臂杆的弹性变形，悬臂梁的形函数如下

$$\varphi_{ij}(x) = [\cosh\lambda_{ij}x - \cos\lambda_{ij}x - \sigma_{ij}(\sinh\lambda_{ij}x - \sin\lambda_{ij}x)] \qquad (4 - 45)$$

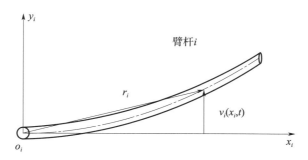

图 4 - 9　第 i 根臂杆的位置向量与横向振动位移

其中

$$\sigma_{ij} = \frac{\sinh\lambda_{ij}L_i - \sin\lambda_{ij}L_i}{\cosh\lambda_{ij}L_i + \cos\lambda_{ij}L_i} \tag{4-46}$$

$\lambda_{ij}L_i$ 由如下超越方程求解得到

$$\cosh\lambda_{ij}L_i \cdot \cos\lambda_{ij}L_i + 1 = 0 \tag{4-47}$$

由各阶模态形函数的正交性，可知

$$\int_0^{L_i} \varphi_{ij}(x_i)\varphi_{ik}(x_i)\mathrm{d}m_i = L_i m_i \begin{pmatrix} 1 & 0 & 0 \\ 0 & 1 & 0 \\ \mathbf{0} & \mathbf{0} & \ddots \end{pmatrix} \tag{4-48}$$

由于质量沿臂杆均匀分布，则模态形函数及其导数沿臂杆的积分为常数，因此，可得如下积分结果，见式（4-49）~式（4-51）。在动力学方程的推导过程中将其代入，可有效简化计算

$$\int_0^{L_i} \varphi_{ij}{}''(x_i)\varphi_{ik}{}''(x_i)\mathrm{d}x_i = \frac{1}{L_i}\begin{pmatrix} 12.3624 & 0 & 0 \\ 0 & 458.519 & 0 \\ \mathbf{0} & \mathbf{0} & \ddots \end{pmatrix} \tag{4-49}$$

$$\int_0^{L_i} x_i\varphi_{ij}{}''(x_i)\mathrm{d}m_i = m_i L_i^2 \begin{pmatrix} 0.568\,826 \\ 0.090\,766\,7 \\ \vdots \end{pmatrix} \tag{4-50}$$

$$\int_0^{L_i} \varphi_{ij}(x_i)\mathrm{d}m_i = m_i L_i \begin{pmatrix} 0.782\,992 \\ 0.433\,936 \\ \vdots \end{pmatrix} \tag{4-51}$$

利用 Lagrange 方程建立臂杆的动力学模型的矩阵形式如下

$$\boldsymbol{M}(\boldsymbol{\theta},\boldsymbol{q})\begin{pmatrix} \ddot{\boldsymbol{\theta}} \\ \ddot{\boldsymbol{q}} \end{pmatrix} + \boldsymbol{C}(\boldsymbol{\theta},\boldsymbol{q},\dot{\boldsymbol{q}})\begin{pmatrix} \dot{\boldsymbol{\theta}} \\ \dot{\boldsymbol{q}} \\ \dot{\boldsymbol{\theta}}^2 \end{pmatrix} + \boldsymbol{D}\cdot\dot{\boldsymbol{q}} + \boldsymbol{G}(\boldsymbol{q})\begin{pmatrix} \sin\boldsymbol{\theta} \\ \cos\boldsymbol{\theta} \\ \boldsymbol{q} \end{pmatrix} = \boldsymbol{Q} \tag{4-52}$$

其中，$\boldsymbol{M}(\boldsymbol{\theta}，\boldsymbol{q})$、$\boldsymbol{C}(\boldsymbol{\theta}，\boldsymbol{q}，\dot{\boldsymbol{q}})$ 和 $\boldsymbol{G}(\boldsymbol{q})$ 分别为时变质量矩阵、科氏力与向心力系数矩阵

和重力系数矩阵，Q 为广义力向量。

D 阵为模态阻尼矩阵，矩阵中各元素为

$$D_{ii} = 2\xi_i \sqrt{M_{ii}K_{ii}} \tag{4-53}$$

$$D_{ij} = 0 \quad (i \neq j) \tag{4-54}$$

其中，ξ_i 为臂杆第 i 阶模态阻尼比。

根据牛顿第三定律以及位移约束条件，联立式（3-83）与式（4-52），构成同时考虑关节动力学特性与臂杆柔性的空间机械臂系统动力学方程组，如式（4-55）所示

$$\begin{cases} \boldsymbol{M}(\boldsymbol{\theta},\boldsymbol{q})\begin{pmatrix}\ddot{\boldsymbol{\theta}}\\\ddot{\boldsymbol{q}}\end{pmatrix} + \boldsymbol{C}(\boldsymbol{\theta},\boldsymbol{q},\dot{\boldsymbol{q}})\begin{pmatrix}\dot{\boldsymbol{\theta}}\\\dot{\boldsymbol{\theta}}^2\end{pmatrix} + \boldsymbol{D}\cdot\dot{\boldsymbol{q}} + \boldsymbol{G}(\boldsymbol{q})\begin{pmatrix}\sin\boldsymbol{\theta}\\\cos\boldsymbol{\theta}\\\boldsymbol{q}\end{pmatrix} = \boldsymbol{Q} \\[3mm] \boldsymbol{J}_1\ddot{\Theta}_1 + \boldsymbol{C}_1\dot{\Theta}_1 + \boldsymbol{K}_1\cdot\boldsymbol{f}(\Theta_1) = \boldsymbol{F}_1(t,\Theta_1,\dot{\Theta}_1) \\[2mm] \boldsymbol{J}_2\ddot{\Theta}_2 + \boldsymbol{C}_2\dot{\Theta}_2 + \boldsymbol{K}_2\cdot\boldsymbol{f}(\Theta_2) = \boldsymbol{F}_2(t,\Theta_2,\dot{\Theta}_2) \\[1mm] \quad\quad\quad\quad\quad\vdots \\[1mm] \boldsymbol{J}_n\ddot{\Theta}_n + \boldsymbol{C}_n\dot{\Theta}_n + \boldsymbol{K}_n\cdot\boldsymbol{f}(\Theta_n) = \boldsymbol{F}_n(t,\Theta_n,\dot{\Theta}_n) \end{cases} \tag{4-55}$$

4.4　空间机械臂多体动力学仿真

4.4.1　两臂杆空间机械臂系统动力学模型

本节以某平面两臂杆大型空间机械臂为研究对象，如图 4-10 所示，则式（4-55）可简化为

$$\begin{cases} \boldsymbol{M}(\boldsymbol{\theta},\boldsymbol{q})\begin{pmatrix}\ddot{\boldsymbol{\theta}}\\\ddot{\boldsymbol{q}}\end{pmatrix} + \boldsymbol{C}(\boldsymbol{\theta},\boldsymbol{q},\dot{\boldsymbol{q}})\begin{pmatrix}\dot{\boldsymbol{\theta}}\\\dot{\boldsymbol{\theta}}^2\end{pmatrix} + \boldsymbol{D}\cdot\dot{\boldsymbol{q}} + \boldsymbol{G}(\boldsymbol{q})\begin{pmatrix}\sin(\boldsymbol{\theta})\\\cos(\boldsymbol{\theta})\\\boldsymbol{q}\end{pmatrix} = \boldsymbol{Q} \\[3mm] \boldsymbol{J}_1\ddot{\Theta}_1 + \boldsymbol{C}_1\dot{\Theta}_1 + \boldsymbol{K}_1\cdot\boldsymbol{f}(\Theta_1) = \boldsymbol{F}_1(t,\Theta_1,\dot{\Theta}_1) \\[2mm] \boldsymbol{J}_2\ddot{\Theta}_2 + \boldsymbol{C}_2\dot{\Theta}_2 + \boldsymbol{K}_2\cdot\boldsymbol{f}(\Theta_2) = \boldsymbol{F}_2(t,\Theta_2,\dot{\Theta}_2) \end{cases} \tag{4-56}$$

其中

$$M_{11} = (m_J + m_2L_2 + m_p)\left[4(q_{11} - q_{12})^2 + L_1^2\right] + \frac{1}{3}m_1L_1^3 + m_1L_1(q_{11} + q_{12}) \tag{4-57}$$

$$\begin{aligned} M_{12} = &\, m_p\{\cos(\theta_2 - \theta_1)[4(q_{11} - q_{12})(q_{21} - q_{22}) + L_1L_2] + \\ &\, 2\sin(\theta_2 - \theta_1)[(q_{11} - q_{12})L_2 - L_1(q_{21} - q_{22})]\} + \\ &\, m_2\{\cos(\theta_2 - \theta_1)[\frac{1}{2}L_1L_2^2 + 2(q_{11} - q_{12})L_2(0.782\,992q_{21} + 0.433\,936q_{22})] + \\ &\, \sin(\theta_2 - \theta_1)[(q_{11} - q_{12})L_2^2 - L_1L_2(0.782\,992q_{21} + 0.433\,936q_{22})]\} \end{aligned} \tag{4-58}$$

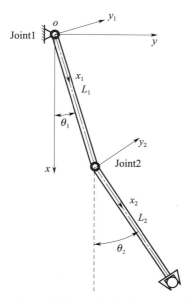

图 4 - 10　平面两臂杆空间机械臂坐标系与参数定义

$$M_{13} = 2(m_J + m_p)L_1 + 2m_2L_1L_2 + 0.568\,26m_1L_1^2 \tag{4-59}$$

$$M_{14} = -2(m_J + m_p)L_1 - 2m_2L_1L_2 + 0.090\,766\,7m_1L_1^2 \tag{4-60}$$

$$M_{15} = m_J[2L_1\cos(\theta_2 - \theta_1) + 4(q_{11} - q_{12})\sin(\theta_2 - \theta_1)] +$$
$$0.782\,992m_2L_2[L_1\sin(\theta_2 - \theta_1) + 2(q_{11} - q_{12})] \tag{4-61}$$

$$M_{16} = -m_J[2L_1\cos(\theta_2 - \theta_1) + 4(q_{11} - q_{12})\sin(\theta_2 - \theta_1)] +$$
$$0.433\,936m_2L_2[L_1\sin(\theta_2 - \theta_1) + 2(q_{11} - q_{12})\sin(\theta_2 - \theta_1)] \tag{4-62}$$

$$M_{22} = \frac{1}{3}m_2L_2^3 + m_p[L_2^2 + 4(q_{21} - q_{22})^2] + m_2L_2(q_{21}^2 - q_{22}^2) \tag{4-63}$$

$$M_{23} = 2m_p[L_2\cos(\theta_2 - \theta_1) - 2(q_{21} - q_{22})\sin(\theta_2 - \theta_1)] +$$
$$m_2[L_2^2\cos(\theta_2 - \theta_1) - 2L_2\sin(\theta_2 - \theta_1)(0.782\,992q_{21} + 0.433\,936q_{22})] \tag{4-64}$$

$$M_{24} = -2m_p[L_2\cos(\theta_2 - \theta_1) - 2(q_{21} - q_{22})\sin(\theta_2 - \theta_1)] -$$
$$m_2[L_2^2\cos(\theta_2 - \theta_1) - 2L_2\sin(\theta_2 - \theta_1)(0.782\,992q_{21} + 0.433\,936q_{22})] \tag{4-65}$$

$$M_{25} = 2.0m_pL_2 + 0.566\,82m_2L_2^2 \tag{4-66}$$

$$M_{26} = -2.0m_pL_2 + 0.0907667m_2L_2^2 \tag{4-67}$$

$$M_{33} = 4(m_J + m_p + m_2L_2) + m_1L_1 \tag{4-68}$$

$$M_{34} = -4(m_J + m_p + m_2L_2) \tag{4-69}$$

$$M_{35} = 2(2m_p + 0.782\,992m_2L_2)\cos(\theta_2 - \theta_1) \tag{4-70}$$

$$M_{36} = -2(2m_p - 0.433\,936m_2L_2)\cos(\theta_2 - \theta_1) \tag{4-71}$$

$$M_{44} = 4(m_J + m_p + m_2L_2) + m_1L_1 \tag{4-72}$$

$$M_{45} = -2(2m_p + 0.782\,992m_2L_2)\cos(\theta_2 - \theta_1) \tag{4-73}$$

$$M_{46} = 2(2m_p - 0.433\,936m_2L_2)\cos(\theta_2 - \theta_1) \tag{4-74}$$

$$M_{55} = 4m_p + m_2L_2 \tag{4-75}$$

$$M_{56} = -4m_p \tag{4-76}$$

式中，m_J、m_p、m_1 和 m_2 分别为关节和机械臂末端惯性负载的集中质量以及臂杆 1 和臂杆 2 沿臂杆方向的质量密度。

由于质量矩阵为对角矩阵，则

$$M_{ij} = M_{ji} \tag{4-77}$$

M 阵的其他元素为零。

$$C_{11} = 8(m_J + m_2L_2 + m_p)(\dot{q}_{11} - \dot{q}_{12})(q_{11} - q_{12}) + 2m_1L_1(\dot{q}_{11}q_{11} + \dot{q}_{12}q_{12}) \tag{4-78}$$

$$
\begin{aligned}
C_{12} = {} & m_p[8\cos(\theta_2 - \theta_1)(q_{11} - q_{12}) - 4\sin(\theta_2 - \theta_1)L_1](\dot{q}_{11} - \dot{q}_{12}) \\
& + 2m_2L_2[2\cos(\theta_2 - \theta_1)(q_{11} - q_{12}) - 4L_1\sin(\theta_2 - \theta_1)] \cdot \\
& (0.782\,992\dot{q}_{21} + 0.433\,936\dot{q}_{22})
\end{aligned}
\tag{4-79}
$$

$$
\begin{aligned}
C_{14} = {} & m_p\{[2\cos(\theta_2 - \theta_1)(q_{11} - q_{12})L_2 - 4L_1(q_{21} - q_{22})] - \sin(\theta_2 - \theta_1) \\
& [4(q_{11} - q_{12})(q_{21} - q_{22}) + L_1L_2]\} + m_2\{-\frac{1}{2}L_1L_2^2 \cdot \\
& \sin(\theta_2 - \theta_1) + L_2^2\cos(\theta_2 - \theta_1)(q_{11} - q_{12}) - [L_1L_2\cos(\theta_2 - \theta_1) \\
& + 2(q_{11} - q_{12})L_2\sin(\theta_2 - \theta_1)](0.782\,992q_{21} + 0.433\,936q_{22})\}
\end{aligned}
\tag{4-80}
$$

$$
\begin{aligned}
C_{21} = {} & m_p[8\cos(\theta_2 - \theta_1)(q_{21} - q_{22}) + 4L_2\sin(\theta_2 - \theta_1)(\dot{q}_{11} - \dot{q}_{12})] \\
& + 2m_2L_2[2\cos(\theta_2 - \theta_1) \cdot (0.782\,992q_{21} + 0.433\,936q_{22}) + \\
& L_2\sin(\theta_2 - \theta_1)](\dot{q}_{11} - \dot{q}_{12})
\end{aligned}
\tag{4-81}
$$

$$C_{22} = 8m_J(\dot{q}_{21} - \dot{q}_{22})(q_{21} - q_{22}) + 2m_2L_2(\dot{q}_{21}q_{21} + \dot{q}_{22}q_{22}) \tag{4-82}$$

$$
\begin{aligned}
C_{23} = {} & m_J\{\sin(\theta_2 - \theta_1)[L_1L_2 + 4(q_{11} - q_{12})(q_{21} - q_{22})] \cdot 2\cos(\theta_2 - \theta_1) \\
& [(q_{11} - q_{12})L_2 - L_1(q_{21} - q_{22})]\} + m_2\{L_2^2[\frac{1}{2}L_1\sin(\theta_2 - \theta_1)\cos(\theta_2 - \theta_1)(q_{11} - q_{12})] \\
& + L_2[2(q_{11} - q_{12})\sin(\theta_2 - \theta_1) + L_1\cos(\theta_2 - \theta_1)](0.782\,992q_{21} + 0.433\,936q_{22})\}
\end{aligned}
\tag{4-83}
$$

$$C_{32} = -8m_p\sin(\theta_2 - \theta_1)(\dot{q}_{21} - \dot{q}_{22}) - 4m_2L_2\sin(\theta_2 - \theta_1)(0.782\,992\dot{q}_{21} + 0.433\,936\dot{q}_{22}) \tag{4-84}$$

$$C_{33} = -4(m_J + m_p + m_2L_2)(q_{11} - q_{12}) - m_1L_1q_{11} \tag{4-85}$$

$$
\begin{aligned}
C_{34} = {} & -2m_p[2\cos(\theta_2 - \theta_1)(q_{21} - q_{22}) + L_2\sin(\theta_2 - \theta_1)] - 2m_2L_2[L_2\sin(\theta_2 - \theta_1) \\
& + \cos(\theta_2 - \theta_1)(0.782\,992q_{21} + 0.433\,936q_{22})]
\end{aligned}
\tag{4-86}
$$

$$C_{42} = 8m_p\sin(\theta_2 - \theta_1)(\dot{q}_{21} - \dot{q}_{22}) + 4m_2L_2\sin(\theta_2 - \theta_1)(0.782\,992\dot{q}_{21} + 0.433\,936\dot{q}_{22}) \tag{4-87}$$

$$C_{43} = 4(m_J + m_p + m_2L_2)(q_{11} - q_{12}) - m_1L_1q_{12} \tag{4-88}$$

$$
\begin{aligned}
C_{44} = {} & 2m_p[2\cos(\theta_2 - \theta_1)(q_{21} - q_{22}) + L_2\sin(\theta_2 - \theta_1)] + 2m_2L_2[L_2\sin(\theta_2 - \theta_1) \\
& + \cos(\theta_2 - \theta_1)(0.782\,992q_{21} + 0.433\,936q_{22})]
\end{aligned}
\tag{4-89}
$$

$$C_{51} = 8m_p \sin(\theta_2 - \theta_1)(\dot{q}_{11} - \dot{q}_{12}) + 4m_2 L_2 \sin(\theta_2 - \theta_1)0.782\,992(\dot{q}_{11} - \dot{q}_{12}) \quad (4-90)$$

$$C_{53} = -2m_p[2\cos(\theta_2 - \theta_1)(q_{11} - q_{12}) - L_1\sin(\theta_2 - \theta_1)]$$
$$- 0.782\,992m_2 L_2 \cdot [2(q_{11} - q_{12})\cos(\theta_2 - \theta_1) - L_1\sin(\theta_2 - \theta_1)] \quad (4-91)$$

$$C_{54} = -4m_p(q_{21} - q_{22}) - m_2 L_2 q_{21} \quad (4-92)$$

$$C_{61} = -8m_p \sin(\theta_2 - \theta_1)(\dot{q}_{11} - \dot{q}_{12}) + 4m_2 L_2 \sin(\theta_2 - \theta_1)0.433\,936(\dot{q}_{11} - \dot{q}_{12})$$
$$\quad (4-93)$$

$$C_{63} = 2m_p[2\cos(\theta_2 - \theta_1)(q_{11} - q_{12}) - L_1\sin(\theta_2 - \theta_1)]$$
$$- 0.433\,936m_2 L_2 \cdot [2(q_{11} - q_{12})\cos(\theta_2 - \theta_1) - L_1\sin(\theta_2 - \theta_1)] \quad (4-94)$$

$$C_{64} = 4m_p(q_{21} - q_{22}) - m_2 L_2 q_{22} \quad (4-95)$$

C 阵的其他元素为零。

$$G_{11} = (m_J + m_p)L_1 g + \frac{1}{2}m_1 L_1^2 g + m_2 L_1 L_2 g \quad (4-96)$$

$$G_{12} = 2(m_J + m_p + m_2 L_2)(q_{11} - q_{12})g + m_1 L_1 g(0.782\,992q_{11} + 0.433\,936q_{12})$$
$$\quad (4-97)$$

$$G_{23} = m_p L_2 g + \frac{1}{2}m_2 L_2^2 g \quad (4-98)$$

$$G_{24} = 2m_p g(q_{21} - q_{22}) + m_2 L_2 g(0.782\,992q_{21} + 0.433\,936q_{22}) \quad (4-99)$$

$$G_{31} = 2(m_J + m_p + m_2 L_2)g + 0.782\,992m_1 L_1 g \quad (4-100)$$

$$G_{35} = 12.3624\frac{EI_1}{L_1^3} \quad (4-101)$$

$$G_{41} = -2(m_J + m_p + m_2 L_2)g + 0.433\,936m_1 L_1 g \quad (4-102)$$

$$G_{46} = 485.519\frac{EI_1}{L_1^3} \quad (4-103)$$

$$G_{53} = 2m_p g + 0.782\,992m_2 L_2 g \quad (4-104)$$

$$G_{57} = 12.3624\frac{EI_2}{L_2^3} \quad (4-105)$$

$$G_{63} = -2m_p g + 0.433\,936m_2 L_2 g \quad (4-106)$$

$$G_{68} = 485.519\frac{EI_2}{L_2^3} \quad (4-107)$$

G 阵的其他元素为零。

广义力向量 Q 为

$$Q = [\tau_1 - \tau_2, \tau_1, -\tau_2\varphi_{11}(L_1), -\tau_2\varphi_{12}(L_1), 0, 0]^T \quad (4-108)$$

其中，τ_1 和 τ_2 分别为两关节的输出力矩。

4.4.2　动力学仿真与分析

基于 4.4.1 节的空间机械臂系统动力学模型，针对臂杆和关节的重要参数，如臂杆模态阻尼、臂杆弯曲刚度、关节齿轮啮合刚度、关节齿轮啮合阻尼以及惯性负载等，通过阶跃输入下的数值仿真研究其对机械臂系统振动特性的影响。臂杆的基本参数为：长度 $L_1 = L_2 = 6$ m，质量均为 80 kg，弹性模量 $E_1 = 127$ GPa、$E_2 = 109$ GPa，截面惯性矩 $I_1 = 3.16 \times 10^{-5}$ m^4、$I_2 = 2.19 \times 10^{-5}$ m^4，假设两臂杆前两阶模态阻尼比初始均为 0.005。关节的总质量为 $m_J = 35$ kg，其他参数同 3.5.2 节。

4.4.2.1 臂杆模态阻尼的影响

在其他基本参数不变的情况下，改变臂杆的模态阻尼分别为 0.005、0.007 和 0.01，则在各臂杆模态阻尼下，臂杆 1 一、二阶模态的振动情况如图 4-11 所示，臂杆 2 一、二阶模态的振动情况如图 4-12 所示，其中臂杆 2 一、二阶模态频谱分析如图 4-13 所示。对比不同阻尼比下的模态振幅及频谱分析均可看出，模态阻尼对臂杆振动的抑制是明显的。随着臂杆阻尼的增加，臂杆 2 一、二阶模态坐标振动幅值的标准方差明显减小，见表 4-2。同时，两关节转速的波动幅值和高频成分也得到明显抑制，如图 4-14 所示。

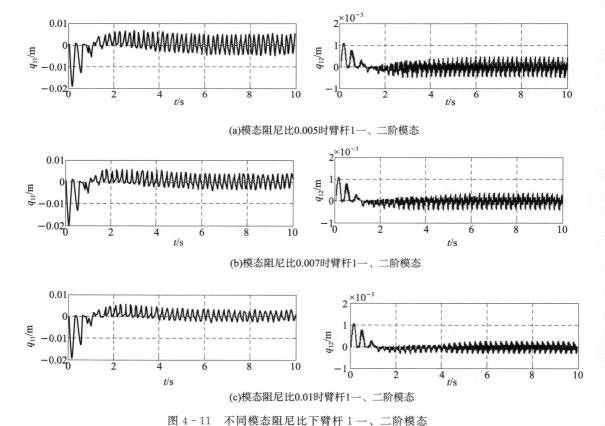

(a)模态阻尼比0.005时臂杆1一、二阶模态

(b)模态阻尼比0.007时臂杆1一、二阶模态

(c)模态阻尼比0.01时臂杆1一、二阶模态

图 4-11　不同模态阻尼比下臂杆 1 一、二阶模态

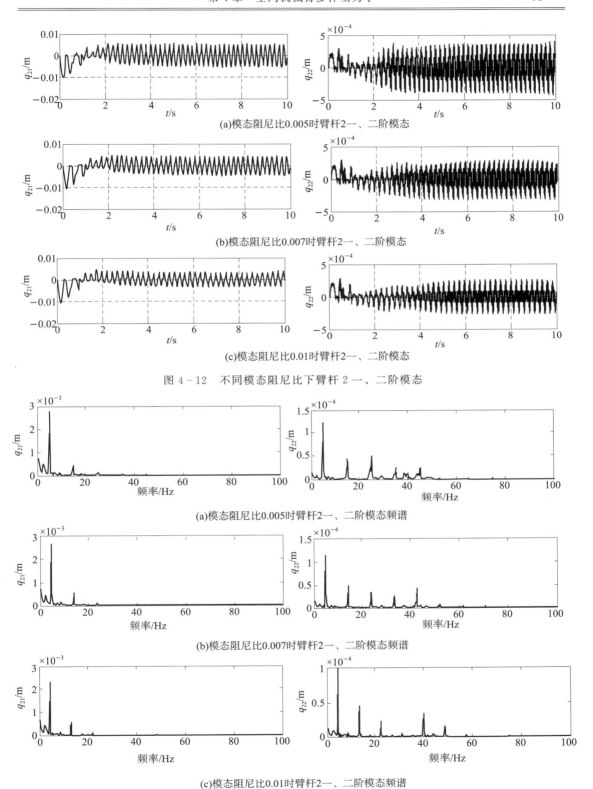

(a)模态阻尼比0.005时臂杆2一、二阶模态

(b)模态阻尼比0.007时臂杆2一、二阶模态

(c)模态阻尼比0.01时臂杆2一、二阶模态

图 4 - 12　不同模态阻尼比下臂杆 2 一、二阶模态

(a)模态阻尼比0.005时臂杆2一、二阶模态频谱

(b)模态阻尼比0.007时臂杆2一、二阶模态频谱

(c)模态阻尼比0.01时臂杆2一、二阶模态频谱

图 4 - 13　不同模态阻尼比下臂杆 2 一、二阶模态频谱

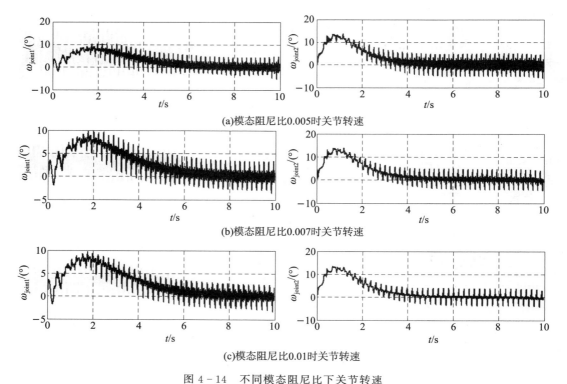

(a)模态阻尼比0.005时关节转速

(b)模态阻尼比0.007时关节转速

(c)模态阻尼比0.01时关节转速

图 4 - 14   不同模态阻尼比下关节转速

表 4 - 2   各模态阻尼比下臂杆 2 一、二阶模态振动幅值标准方差

模态阻尼比	一阶模态标准方差/mm²	二阶模态标准方差/mm²
0.005	3 358.461 737 031 2	172.272 798 932 3
0.007	2 862.088 254 469 8	136.734 756 193 9
0.01	2 426.863 404 545 0	107.102 073 465 5

4.4.2.2 臂杆弯曲刚度的影响

臂杆 1、臂杆 2 的初始弯曲刚度 EI 分别为 4.013 2 MPa·m⁴、2.387 1 MPa·m⁴。在其他基本参数不变的情况下,改变臂杆的弯曲刚度分别为 EI、$1.4EI$ 和 $2EI$。则在各臂杆弯曲刚度下,臂杆 1 一、二阶模态的振动情况如图 4 - 15 所示,臂杆 2 一、二阶模态的振动情况如图 4 - 16 所示。对比不同弯曲刚度下的模态振幅可以看出,与模态阻尼的影响类似,随臂杆弯曲刚度的增加,臂杆振动幅值明显减小,从其振动幅值的标准方差也可明显看出这一点,如表 4 - 3 所示。此处,对比不同弯曲刚度下臂杆 2 一、二阶模态的频谱分析可以看出,由于臂杆弯曲刚度的增加,各阶模态的振动频率也有所增加,如图 4 - 17 所示。但臂杆弯曲刚度的变化对关节转速波动的影响并不明显,如图 4 - 18 所示。增大相同的比例,弯曲刚度对幅值的抑制虽然比模态阻尼的效果略差,但臂杆弯曲刚度的增加较易于工程实现,而模态阻尼在工程上不易大幅提高。因此,合理设计臂杆截面尺寸、形状,更有利于抑制臂杆的振动,比如,SRMS 的臂杆就是基于各截面等弯曲刚度的设计准则(Commonalty of Stiffness)进行设计的,其臂杆 1 和臂杆 2 的截面积和惯性矩并不一

样，虽然外径均是 330 mm，但是内部结构的形态是不一致的，或者说内部的圆环大小是不一样的，有点类似于空心锥形圆杆，这样更有利于对臂杆振动的抑制。

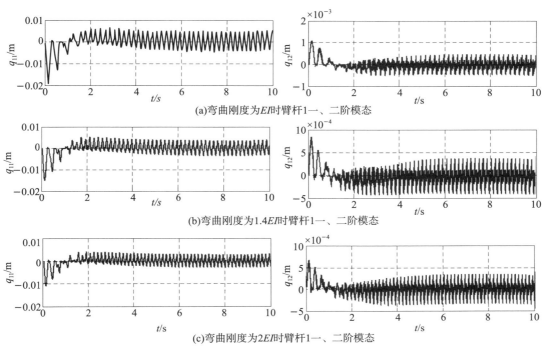

图 4-15　不同弯曲刚度下臂杆 1 一、二阶模态

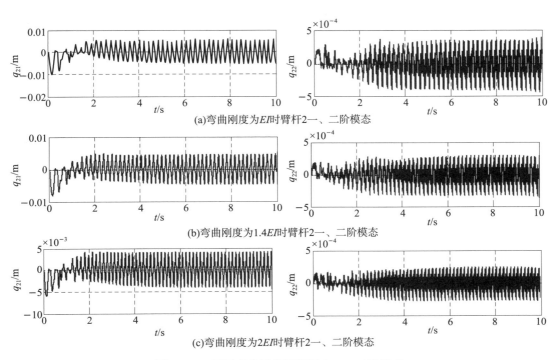

图 4-16　不同弯曲刚度下臂杆 2 一、二阶模态

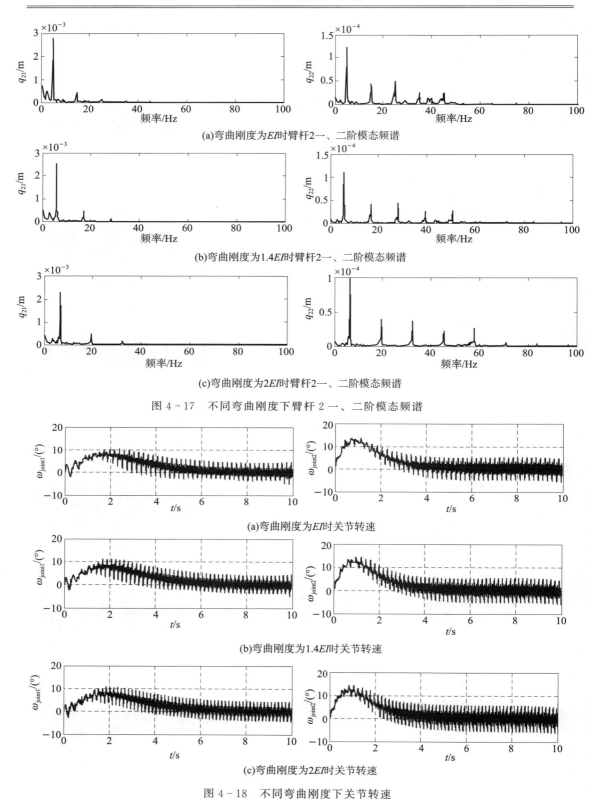

(a)弯曲刚度为EI时臂杆2一、二阶模态频谱

(b)弯曲刚度为1.4EI时臂杆2一、二阶模态频谱

(c)弯曲刚度为2EI时臂杆2一、二阶模态频谱

图4-17 不同弯曲刚度下臂杆2一、二阶模态频谱

(a)弯曲刚度为EI时关节转速

(b)弯曲刚度为1.4EI时关节转速

(c)弯曲刚度为2EI时关节转速

图4-18 不同弯曲刚度下关节转速

表 4 – 3　各弯曲刚度下臂杆 2 一、二阶模态振动幅值标准方差

臂杆刚度	一阶模态标准方差/mm²	二阶模态标准方差/mm²
EI	3 358.461 737 031 2	172.272 798 932 3
$1.4EI$	2 795.052 200 446 5	143.436 423 143 5
$2EI$	2 387.030 749 987 5	122.229 827 312 4

4.4.2.3　负载的影响

在其他基本参数不变的情况下，改变系统的惯性负载分别为 100 kg、500 kg 和 1 000 kg。则在各惯性负载作用下，臂杆 1 一、二阶模态的振动情况如图 4 – 19 所示，臂杆 2 一、二阶模态的振动情况如图 4 – 20 所示，其中臂杆 2 一、二阶模态频谱分析如图 4 – 21 所示。对比不同负载下的模态振幅及频谱分析均可看出，惯性负载的增加会明显降低臂杆的模态振动幅值和振动频率，而且还会降低关节转速的波动幅值，并抑制其高频成分，如图 4 – 22 所示。

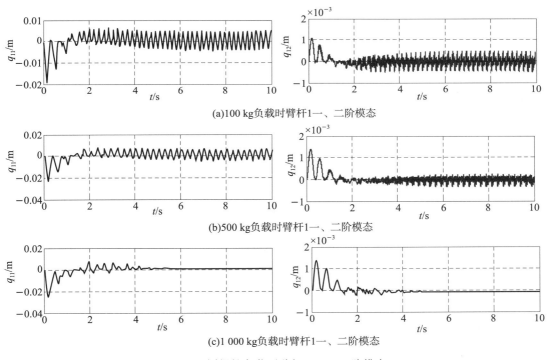

(a)100 kg负载时臂杆1一、二阶模态

(b)500 kg负载时臂杆1一、二阶模态

(c)1 000 kg负载时臂杆1一、二阶模态

图 4 – 19　不同惯性负载下臂杆 1 一、二阶模态

4.4.2.4　关节减速器齿轮啮合刚度的影响

在其他基本参数不变的情况下，改变关节减速器齿轮啮合刚度的大小，初始啮合刚度、1.4 倍啮合刚度和 2 倍啮合刚度下，臂杆 1 一、二阶模态的振动情况如图 4 – 23 所示，臂杆 2 一、二阶模态的振动情况如图 4 – 24 所示。对比不同啮合刚度下的模态振幅可以看出，关节齿轮啮合刚度的增加会明显增加臂杆振动幅值，从其振动幅值的标准方差也可明

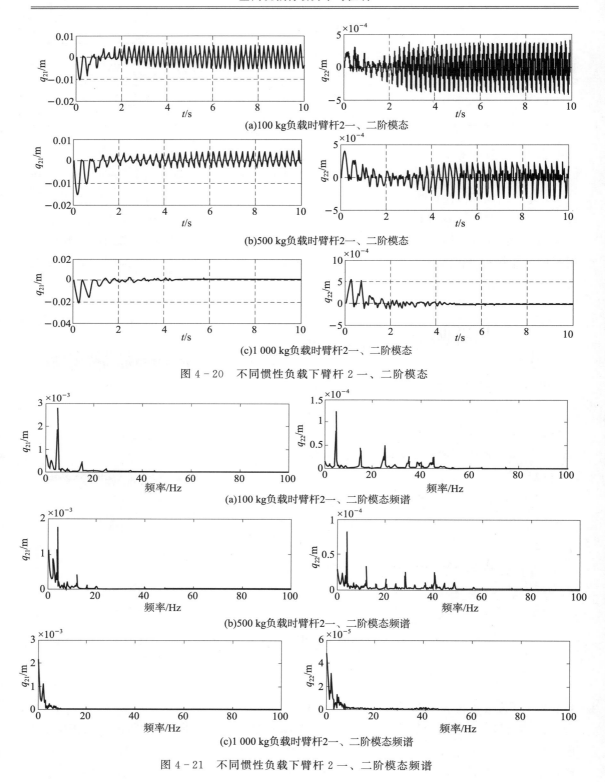

(a)100 kg负载时臂杆2一、二阶模态

(b)500 kg负载时臂杆2一、二阶模态

(c)1 000 kg负载时臂杆2一、二阶模态

图4-20　不同惯性负载下臂杆2一、二阶模态

(a)100 kg负载时臂杆2一、二阶模态频谱

(b)500 kg负载时臂杆2一、二阶模态频谱

(c)1 000 kg负载时臂杆2一、二阶模态频谱

图4-21　不同惯性负载下臂杆2一、二阶模态频谱

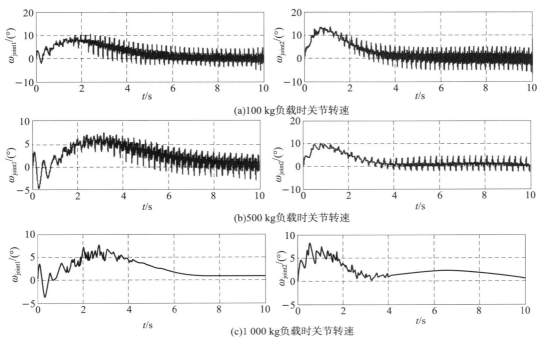

(a)100 kg负载时关节转速

(b)500 kg负载时关节转速

(c)1 000 kg负载时关节转速

图 4 - 22　不同惯性负载下关节转速

显看出这一点，如表 4 - 4 所示。且其振动频率也会略有增加，如图 4 - 25 所示。此外，关节转速的波动幅值也有明显增大，如图 4 - 26 所示。这主要是由于间隙的存在，啮合刚度较大会增大轮齿的冲击力，从而对臂杆产生较大的脉冲力，导致振动幅值较大。而刚度的增加对系统频率增大的影响是很好理解的。

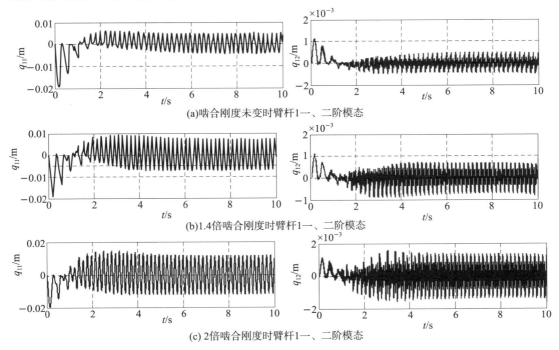

(a)啮合刚度未变时臂杆1一、二阶模态

(b)1.4倍啮合刚度时臂杆1一、二阶模态

(c) 2倍啮合刚度时臂杆1一、二阶模态

图 4 - 23　不同啮合刚度下臂杆 1 一、二阶模态

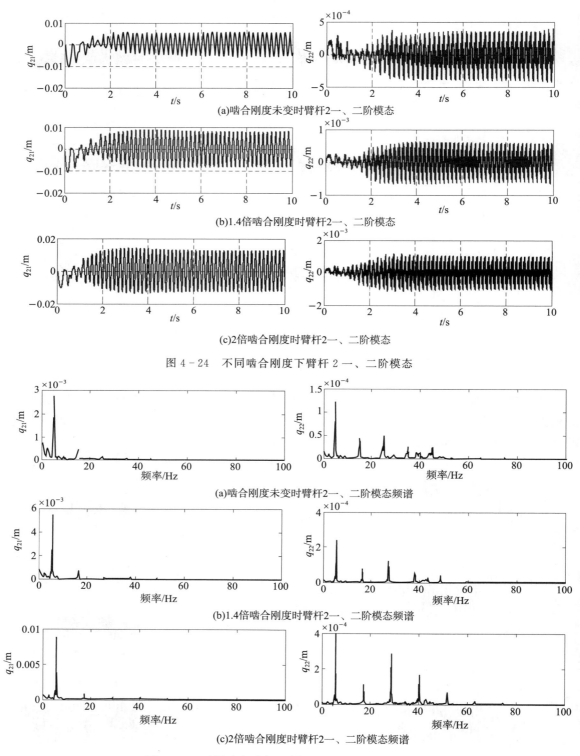

(a)啮合刚度未变时臂杆2一、二阶模态

(b)1.4倍啮合刚度时臂杆2一、二阶模态

(c)2倍啮合刚度时臂杆2一、二阶模态

图 4 - 24　不同啮合刚度下臂杆 2 一、二阶模态

(a)啮合刚度未变时臂杆2一、二阶模态频谱

(b)1.4倍啮合刚度时臂杆2一、二阶模态频谱

(c)2倍啮合刚度时臂杆2一、二阶模态频谱

图 4 - 25　不同啮合刚度下臂杆 2 一、二阶模态频谱

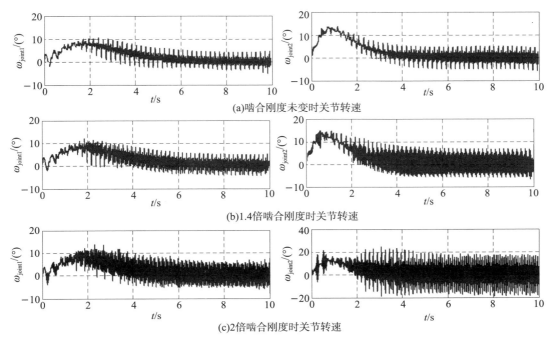

(a)啮合刚度未变时关节转速

(b)1.4倍啮合刚度时关节转速

(c)2倍啮合刚度时关节转速

图 4 - 26　不同啮合刚度下的关节转速

表 4 - 4　各啮合刚度下臂杆 2 一、二阶模态振动幅值标准方差

啮合刚度	一阶模态标准方差/mm²	二阶模态标准方差/mm²
不变	3 358.461 737 031 2	172.272 798 932 3
1.4 倍	5 064.139 246 654 8	289.024 481 116 0
2 倍	8 087.955 972 402 8	505.392 948 530 5

4.4.2.5　关节减速器齿轮啮合阻尼的影响

在其他基本参数不变的情况下，改变关节减速器齿轮啮合阻尼的大小，啮合阻尼比分别为 0.03、0.10 和 0.17 情况下，臂杆 1 一、二阶模态的振动情况如图 4 - 27 所示，臂杆 2 一、二阶模态的振动情况如图 4 - 28 所示，其中臂杆 2 一、二阶模态频谱分析如图 4 - 29 所示，其标准方差见表 4 - 5，关节转速的波动情况如图 4 - 30 所示。通过对比分析可以发现，关节齿轮啮合阻尼对臂杆振动特性的影响很小，仅从表 4 - 5 中可以看出，啮合阻尼的增加会微幅减小臂杆 2 的振动幅值。

表 4 - 5　各啮合阻尼比下臂杆 2 一、二阶模态振动幅值标准方差

啮合阻尼比	一阶模态标准方差/mm²	二阶模态标准方差/mm²
0.03	33 861.679 776 534	174.254 367 413 0
0.10	3 358.461 737 031 2	172.272 798 932 3
0.17	3 354.345 362 671 7	172.026 455 280 1

关节齿轮的啮合刚度和啮合阻尼的变化会影响臂杆的振动频率、幅值等振动特性；而

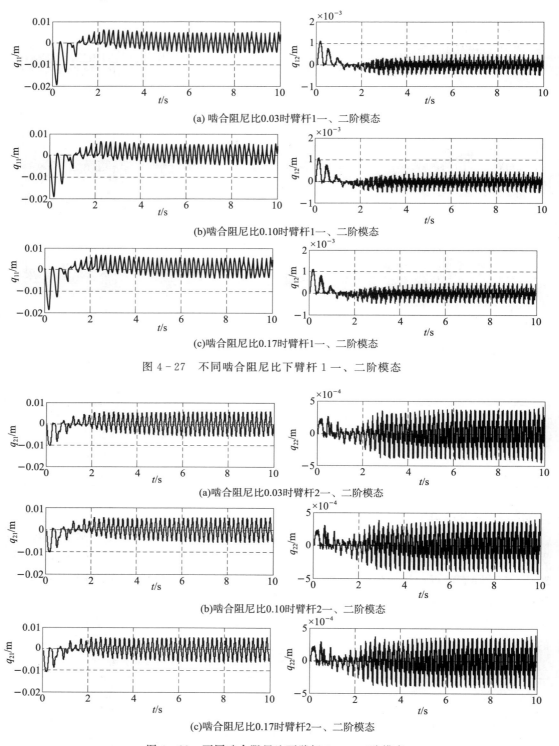

(a) 啮合阻尼比0.03时臂杆1一、二阶模态

(b)啮合阻尼比0.10时臂杆1一、二阶模态

(c)啮合阻尼比0.17时臂杆1一、二阶模态

图 4 - 27　不同啮合阻尼比下臂杆 1 一、二阶模态

(a)啮合阻尼比0.03时臂杆2一、二阶模态

(b)啮合阻尼比0.10时臂杆2一、二阶模态

(c)啮合阻尼比0.17时臂杆2一、二阶模态

图 4 - 28　不同啮合阻尼比下臂杆 2 一、二阶模态

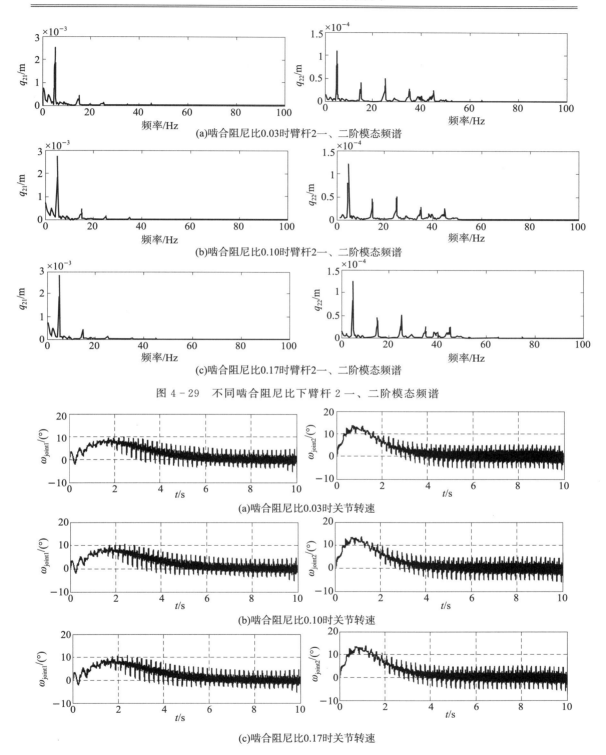

(a)啮合阻尼比0.03时臂杆2一、二阶模态频谱

(b)啮合阻尼比0.10时臂杆2一、二阶模态频谱

(c)啮合阻尼比0.17时臂杆2一、二阶模态频谱

图 4 - 29　不同啮合阻尼比下臂杆 2 一、二阶模态频谱

(a)啮合阻尼比0.03时关节转速

(b)啮合阻尼比0.10时关节转速

(c)啮合阻尼比0.17时关节转速

图 4 - 30　不同啮合阻尼比下的关节转速

臂杆作为关节的负载,在运动和抓取物体的工作过程中会对关节产生时变的力矩负载和惯性负载,由 3.5.2 节可知,这也会影响关节的动力性特性。此外,由 4.4.2.1 节的结论可知,臂杆模态阻尼的增加会使两关节转速的波动幅值和高频成分也得到明显抑制。因此,可以判断,关节和臂杆作为空间机械臂的主要部件,其动力学特性是相互耦合的。

4.5　小结

本章在单关节动力学研究的基础上,进一步考虑了臂杆的动力学特性,介绍了涉及关节及臂杆柔性的空间机械臂全柔性多体系统动力学建模方法,并在此基础上进行了研究,分析了关节、臂杆重要参数及负载对空间机械臂动力学特性的影响,为空间机械臂的设计优化提供参考。

第5章 空间机械臂复杂末端执行器动力学

5.1 空间机械臂复杂末端工作原理

某典型空间机械臂末端执行器由捕获模块、拖动模块、4个锁紧模块以及外壳组成，如图5-1所示。捕获模块与拖动模块位于壳体内，捕获模块通过梯形滑块与安装在壳体上的导轨连接，拖动模块与捕获模块固连。锁紧模块固定在壳体的外圆周上。末端执行器通过底部的安装孔与机械臂六维力传感器连接。

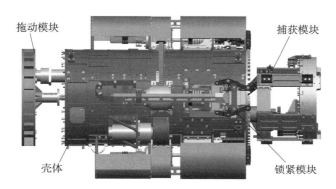

图5-1　末端执行器示意图（见彩插）

当被捕获物上的目标适配器到达捕获包络范围内时，控制器启动捕获模块，抓住目标适配器的捕获杆，并给出捕获到位信号；然后启动拖动机构，拖动机构在目标监视系统的监视下（确保目标适配器的姿态满足捕获要求），将目标适配器及其捕获模块一起沿轴向拖动，使目标适配器与末端执行器对接，依靠其与末端执行器本体的配合，消除俯仰、偏航以及转动三个方向上的误差，实现目标适配器与本体的精确对接，当拖动力达到规定值时，停止拖动，并给出拖动到位信号；拖动完成后，控制器启动锁紧模块，4个锁紧模块沿轴向运动，在对接面上施加预载荷，并实现与目标适配器的电连接，从而完成整个捕获锁紧过程。末端执行器工作流程如图5-2所示。释放时，首先锁紧模块反向转动，使得末端执行器与目标适配器断开电连接，并释放二者界面的锁紧力；然后拖动机构反向旋转，当力传感器值小于预定值时，停止拖动机构的转动，并启动捕获模块，释放捕获杆；待与目标物完全分离后，再次启动拖动模块，将捕获模块送回初始位置，从而完成释放功能。

5.1.1 捕获模块组成及工作原理

捕获模块采用驱动组件＋捕获机构的实现方案。由转动环、固定环、钢丝绳、驱动组

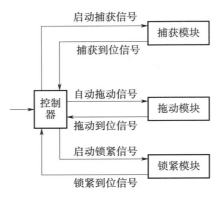

图 5-2　末端执行器工作流程

件等组成，如图 5-3 所示。其中驱动组件包括电机、制动器和减速器；钢丝绳两端分别固定在固定环和转动环上，并安装有小弹簧，在初始状态下将钢丝绳端部约束在转动环与固定环内壁。固定环与转动环之间安装有薄壁轴承，可实现二者之间的相对转动。在转动环的下端安装内齿轮，周长为 1/3 圈。驱动组件通过螺钉固定在支撑架上。从图 5-3 中可以看出，在驱动组件作用下，内齿轮及与其固连在一起的转动环作圆周运动。

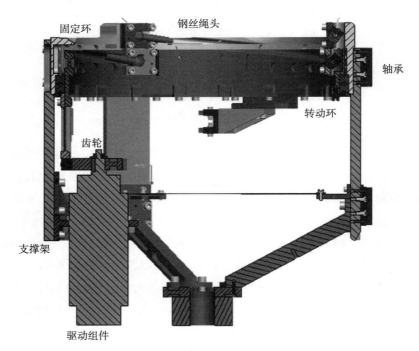

图 5-3　捕获模块组成示意图

捕获机构采用钢丝绳逐步收缩的捕获原理，具体为：

3 根钢丝绳沿固定环和转动环之间的圆周方向布置，3 根钢丝绳的一端间隔 120°与固定环连接、另一端间隔 120°与转动环连接，初始状态下 3 根钢丝绳紧贴固定环和转动环内壁布置，三根钢丝绳围绕的中间区域为捕获区域；当目标适配器的捕获杆进入捕获区域，控制系统启动驱动组件，驱动转动环沿圆周转动，使得 3 根钢丝绳所围绕的中间区域逐步变小；转动环转动到预设位置后，触发捕获到位位置开关，给出捕获到位信号，驱动组件停止驱动，此时末端执行器已通过 3 根钢丝的缠绕，实现对目标适配器捕获杆的有效捕获（见图 5-4）。

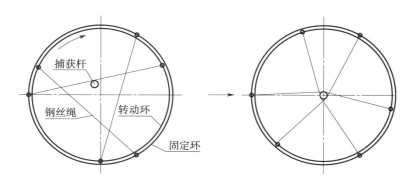

图 5-4　钢丝柔性捕获原理

5.1.2　拖动模块组成及工作原理

拖动模块采用驱动组件＋传动机构＋拖动机构的实现方案，如图 5-5 所示。拖动机构包括导轨、滑块、三脚架、滚珠丝杠、齿轮。三脚架一端与捕获模块的固定环相连，另一端与滚珠丝杠的螺母相连，使得三者固连在一起。拖动模块的驱动组件固连在底盖上，丝杠末端安装有轴承，并与轴承一起固连在底盖上，在轴承固定支架上安装有力传感器。

当控制系统接收到捕获到位信号后，启动驱动组件，驱动组件通过齿轮带动滚珠丝杠转动，从而与使滚珠螺母连在一起的固定环沿导轨进行轴向的运动。当丝杠末端轴承固定支架上的力传感器的拉力达到预定值时，停止拖动，并给出拖动到位信号。

在拖动完成以后，需要有效的保持，以保证锁紧模块的动作。所以在电机的末端安装了制动器，保证了载荷在锁紧过程中不会因为意外动作致使目标与捕获机构脱离。

5.1.3　锁紧模块组成及工作原理

锁紧模块在末端执行器本体上的安装位置如图 5-6 所示，在末端外围共分布有四套锁紧模块，图中仅表示出一套锁紧模块。

如图 5-6 所示，末端执行器锁紧模块主要由驱动组件、直齿轮系、滚珠丝杠传动副、导轨以及凸轮连杆锁紧模块等组成。其中，直齿轮系由驱动组件输出轴端小的直齿轮、安装在末端执行器本体上的大直齿轮以及滚珠丝杠螺母上的小直齿轮共同构成；凸轮连杆锁紧模块由固定支架、连杆支架、锁紧连杆组件、连杆支撑架组件以及碟形弹簧组件等共同组成。

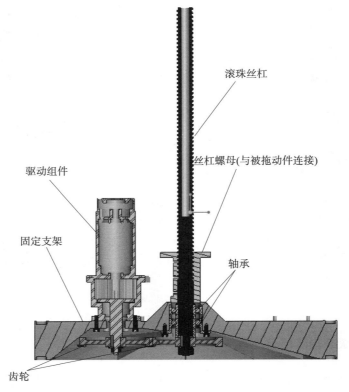

图 5-5　拖动模块示意图

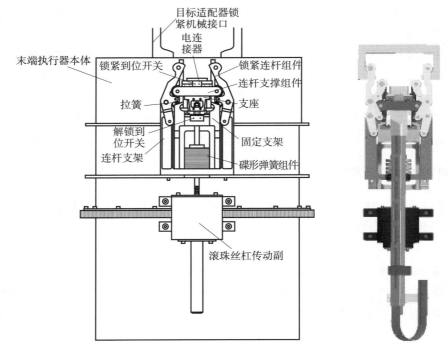

图 5-6　执行器锁紧模块安装位置及组成示意图

　　锁紧模块的工作原理：驱动组件通过上述直齿轮系驱动滚珠丝杠传动副，将丝杠螺母转动转化为丝杠螺杆的平动。连杆支撑架固连在丝杠螺杆的前端，在丝杠螺杆的推动下，凸轮连杆锁紧模块工作。在工作初始阶段，锁紧连杆组件下端滚轮与固定支架直面部分接触，连杆支撑架两端滚轮卡在锁紧连杆凸轮面凹槽内。在丝杠螺杆的推动下，连杆支撑架带动锁紧连杆组件以及连杆支架一起平动，如图 5-7（a）所示。当锁紧连杆组件下端滚轮与固定支架斜面部分接触时，锁紧连杆在支撑架的作用下逐渐向外张开，锁紧连杆上端滚轮与目标适配器锁紧槽接触。由于锁紧连杆两端对外均有接触，在支撑架的推动下，锁紧连杆与连杆支架继续向上运动，在向上运动的同时，锁紧连杆继续展开，锁紧连杆下端滚轮逐渐与固定支架斜面部分脱离，上端滚轮沿目标适配器锁紧槽表面向上运动，在一定时刻，碟形弹簧组件与固定支架下端面接触并压缩，弹簧所提供的锁紧力将通过连杆支架和锁紧连杆传递到目标适配器。在锁紧模块实现对目标的完全锁定时，单套锁紧模块碟形弹簧将提供预定的锁紧力，同时实现与目标的电连接，如图 5-7（b）、（c）、（d）所示。

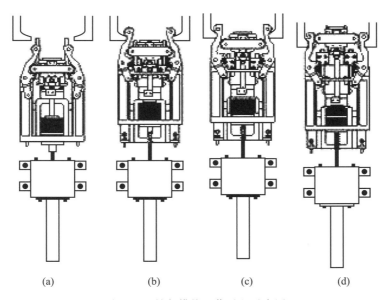

(a)　　　　　(b)　　　　　(c)　　　　　(d)

图 5-7　锁紧模块工作过程示意图

5.2　复杂接触面接触碰撞动力学建模方法

　　经典的物理碰撞模型中，两物体间的接触碰撞现象如图 5-8 所示。碰撞体间的接触碰撞导致碰撞点发生局部变形产生碰撞力 f_n，使两物体趋于彼此分开。同时，两物体发生碰撞时将产生相互之间的摩擦，两物体受到摩擦力 f_f 并伴随摩擦引起的能量损失。局部变形区域可以简化为未变形两碰撞体之间的相交区域，碰撞嵌入量可以定义为相交区域的穿透深度。下面将详细对 Hertz 碰撞模型、非线性阻尼碰撞模型、三维鬃毛摩擦模型和一种速度相关的摩擦模型进行介绍。

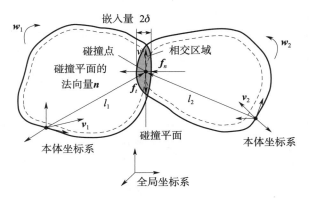

图 5-8 两物体间发生接触碰撞示意图

5.2.1 Hertz 碰撞模型

Hertz 碰撞模型是不考虑阻尼项的非线性接触碰撞模型，用于模拟两物体间的弹性碰撞过程。Hertz 碰撞模型可以表示为

$$f_n = \begin{cases} \mathbf{0}_{(3\times1)} & \delta = 0 \\ k\delta^{1.5}n & \delta > 0 \end{cases} \tag{5-1}$$

其中，$f_n \in \mathbf{R}^{3\times1}$ 表示法向碰撞力，δ 表示嵌入量；$n \in \mathbf{R}^{3\times1}$ 表示碰撞切面的法线方向向量；k 是赫兹刚度系数，可表述为

$$k = c\frac{E_1 E_2}{E_1(1-v_2^2) + E_2(1-v_1^2)}a \tag{5-2}$$

式中，E_1、E_2 分别为钢丝绳和捕获杆的弹性模量；v_1、v_2 分别为两碰撞体的泊松比；c 是表面负荷系数，其取值范围为 $\frac{4}{3} \leqslant c \leqslant 2\pi$。

a 是碰撞区域面积 A 的有效半径

$$a = \sqrt{\frac{A}{\pi}} = \sqrt{\delta(2r_s - \delta)} \tag{5-3}$$

其中，r_s 为钢丝绳半径。

5.2.2 阻尼力碰撞模型

碰撞阻尼是能量消耗的主要因素。碰撞阻尼模型对于碰撞力的计算有着非常重要的作用。由于碰撞阻尼不仅取决于碰撞体的材料特性，也和表面几何形状有关。因此，它的建模是最困难的，尤其是对于一般的碰撞情况。在本书中，将对 4 种不同的阻尼模型进行讨论，分别为线性粘滞阻尼模型、Hunt – Crossley 非线性弹簧阻尼模型、Marhefka – Orin 的接触阻尼模型和 IMPACT 碰撞阻尼力模型。每种阻尼模型均有其优点和缺点，读者可以根据不同的碰撞情况，选择最适合的模型。

（1）线性粘滞阻尼模型

线性粘性阻尼是最简单的阻尼模型。它可以表示为一个弹簧-质量-阻尼系统，如

图 5 - 9 所示。

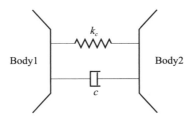

图 5 - 9　线性粘性阻尼模型

线性粘性阻尼模型可以从以下公式导出

$$m_e\ddot{\delta} + c\dot{\delta} + k_c\delta = 0 \tag{5-4}$$

其中，m_e 是两个碰撞体的有效质量，若两碰撞体的质量分别为 m_1 和 m_2，则有 $m_e = \dfrac{m_1 m_2}{m_1 + m_2}$；$\delta$ 是两个碰撞体的嵌入深度；k_c 是碰撞刚度。

由此可以得出碰撞阻尼系数

$$c = 2\zeta\sqrt{k_c m_e}$$

其中，ζ 为阻尼比。

用 F_d 来表示阻尼力，则有

$$F_d = 2\zeta\sqrt{k_c m_e}\dot{\delta} \tag{5-5}$$

线性阻尼模型最简单且最易于应用。然而，该模型也有其局限性，其主要缺陷是在碰撞开始和结束的瞬间，力-时间的不连续性。此外，与试验结果相比，该模型提供的能量耗散计算也存在误差。但是，当接触体是高度弹性的（即，当阻尼系数 c 远小于临界阻尼系数时），以上不足对模拟结果的影响非常小。

相关学者提出了各种不同的非线性阻尼模型方法，以克服线性模型的缺陷。下面详细介绍两个不同的非线性阻尼模型：Hunt - Crossley 非线性弹簧阻尼模型和 Marhefka - Orin 的接触阻尼模型。

（2）Hunt - Crossley 非线性弹簧阻尼模型

为了克服线性弹簧阻尼模型的局限性，Hunt - Crossley 于 1975 年提出了一种非线性阻尼模型，该模型考虑了接触过程中的能量损失。

非线性阻尼模型中恢复系数 e 的定义如下

$$e = \frac{v_o}{v_i} \tag{5-6}$$

其中，v_i 和 v_o 分别是碰撞初始（接触）、碰撞结束（分离）速度。

试验证明，当碰撞速度相对较低时（$\leqslant 0.5$ m/s），恢复系数有以下关系

$$e = 1 - \alpha v_i \tag{5-7}$$

其中，α 是在有效碰撞速度范围内的经验常数。对于钢铁、青铜等碰撞速度在 $0.08 \sim 0.32$ m/s 之间。

碰撞期间的力可以用下面的方程来建模

$$f = -(\lambda \delta^n) \dot{\delta} - k_c \delta^n \tag{5-8}$$

其中，k_c 为接触刚度；λ 为阻尼系数。

当 $n = 1$ 时，λ 的值为

$$\lambda = \frac{3}{2} a k_c \tag{5-9}$$

此处，嵌入深度 δ 可表示为

$$\delta = \sqrt[n+1]{\frac{-2m(n+1)}{9\,ka^2}} \sqrt[n+1]{3a(v_o - v_i) + 2\ln\left|\frac{2 + 3av_i}{2 + 3av_o}\right|} \tag{5-10}$$

碰撞阻尼力也可以通过以下公式来计算

$$F_d = \lambda \delta \dot{\delta} = \frac{3}{2} a k_c \delta \dot{\delta} \tag{5-11}$$

该模型只当相对速度较小时（<0.5 m/s）才有效。

（3）Marhefka - Orin 的接触阻尼模型

Marhefka 和 Orin 提出了另一种非线性阻尼模型，以克服线性阻尼模型的缺点。该模型的提出基于以下事实：应用最广泛的线性阻尼模型，包括线性缓冲器模型，与物理观察有一定差异，其差异主要可归纳为以下三点：

1）碰撞力在撞击时刻是不连续的，因为嵌入深度的变化率不为零，阻尼力也非零。在物理上，力应该是连续的，从 0 开始，当碰撞产生时逐渐累积。

2）从线性模型所得到的恢复系数是恒定的，并且依赖于接触体质量和阻尼比。而在物理试验中，研究人员已经观察到恢复系数不仅取决于这两个碰撞体的材料，同时也取决于冲击速度。

3）在碰撞体从碰撞分离的时刻，线性模型预测的张力趋向于让碰撞体相互靠近。然而实际情况是，分离时的阻尼力应为零。

Orin 的非线性阻尼模型克服了线性模型的上述三方面误差。阻尼力可用一个广义二阶系统表示

$$m_e \ddot{\delta} + \lambda \delta^n \dot{\delta} + k_c \delta^n = 0 \tag{5-12}$$

其中，指数 n 是与接触物体结构相关的参数。

该模型通过与嵌入深度的相关性解决了上一节所述的线性阻尼模型的缺陷。此外，恢复系数反映了碰撞期间的能量损失，它与阻尼的作用相似。由于非线性阻尼模型考虑到碰撞的深度和速度，由此产生的恢复系数也取决于这两个变量。

该模型在实现上相对简单。在实际应用中，最为重要的是选择适当的恢复系数和阻尼比，且阻尼参数和碰撞刚度参数还具有相关性。

由前文可以得知，若考虑球体的情况，碰撞刚度系数为

$$k_c(\delta) = ka(\delta) \tag{5-13}$$

接触区域的半径可通过几何计算得到

$$a(\delta) = \sqrt{2r_s\delta - \delta^2} \tag{5-14}$$

此处，r_s 是球体的半径，如果假设碰撞深度远小于球体的半径，$\delta^2 \ll 2r_s\delta$ ，那么

$$a(x) = \sqrt{2r_s x} \tag{5-15}$$

对于线性阻尼方程，指数 n 的选择接近 1.0；对于球体，n 为 1.5。

参数 λ 可以由以下公式求得

$$\lambda = \frac{3}{2}ak_c \tag{5-16}$$

（4）IMPACT 碰撞阻尼力模型

ADAMS 软件中使用的 IMPACT 碰撞模型，定义为

$$f_n = \begin{cases} \mathbf{0}_{(3\times 1)} & \delta = 0 \\ \max(0, k\delta^e + \text{step}(\delta, \delta_0, d_0, \delta_{\max}, d_{\max})\dot{\delta})\mathbf{n} & \delta > 0 \end{cases} \tag{5-17}$$

其中，k 表示刚度系数；e 表示法向碰撞力的非线性指数；$\text{step}(\cdot)$ 表征了阻尼系数的特性，如图 5-10 所示。step 函数为阶跃函数，其定义为

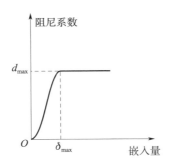

图 5-10　阻尼系数的特性曲线

$$\text{step}(\delta, \delta_0, d_0, \delta_{\max}, d_{\max}) = \begin{cases} d_0 & \delta \leqslant \delta_0 \\ d_0 + (d_{\max} - d_0) \cdot \Delta^2(3 - 2\Delta) & \delta_0 < \delta < \delta_{\max} \\ d_{\max} & \delta \geqslant \delta_{\max} \end{cases}$$

$$\tag{5-18}$$

其中，δ_0 和 d_0 分别表示碰撞初始时的嵌入量和阻尼系数，即 $\delta_0 = 0, d_0 = 0$；$\delta_{\max}$ 表示达到最大阻尼系数 $d_{\max}$ 时的嵌入量；Δ 满足 $\Delta = (\delta - \delta_0)/(\delta_{\max} - \delta_0)$ 。

5.2.3　三维鬃毛摩擦模型

三维鬃毛摩擦模型，如图 5-11 所示，能够模拟碰撞物体间的静摩擦、动摩擦和粘滑摩擦状态。三维鬃毛摩擦模型的定义为

$$\mathbf{f}_f = -k_f\mathbf{s} - c_f\dot{\mathbf{s}} \tag{5-19}$$

其中，$\mathbf{f}_f$ 表示切向摩擦力；k_f 表示鬃毛刚度；c_f 表示鬃毛阻尼系数；$\mathbf{s}$ 表示鬃毛在三维空间的变形量，定义为

$$s(t) = \begin{cases} s(t_0) + \int_{t_0}^{t} v_t(x)\,dx & |s(t)| < s_{max}(t) \\ s_{max}(t)\,\dfrac{v_t(t)}{|v_t(t)|} & |s(t)| \geqslant s_{max}(t) \end{cases} \tag{5-20}$$

其中，t_0 表示碰撞初始时刻；t 表示碰撞当前时刻；v_t 表示碰撞点的切向相对速度；s_{max} 表示鬃毛的最大变形量，$s_{max} = \mu f_n / k_f$；f_n 表示法向碰撞力的大小；μ 表示摩擦系数，定义为

$$\mu = \begin{cases} \mu_s & |v_t(t)| \leqslant v_d \\ \mu_d & |v_t(t)| > v_d \end{cases} \tag{5-21}$$

其中，v_d 表示静摩擦状态和动摩擦状态间的临界切向相对速度；μ_s 和 μ_d 分别表示静摩擦系数和动摩擦系数。

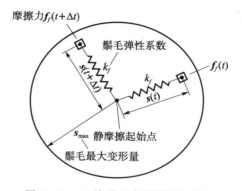

图 5 - 11　三维鬃毛摩擦模型示意图

5. 2. 4　ADAMS 软件的摩擦模型

传统的库伦摩擦模型表征的摩擦力与速度无关，且动静摩擦不连续。在传统库伦摩擦模型基础上，ADAMS 软件中使用的摩擦模型是一种摩擦系数与速度相关的摩擦模型，其定义为

$$f_f = \begin{cases} \mathbf{0}_{(3\times1)} & v = 0 \\ -\mu(v)\,\|f_n\| \cdot \dfrac{v}{v} & v \neq 0 \end{cases} \tag{5-22}$$

其中，f_f 表示切向摩擦力，与法向碰撞力垂直；v 表示碰撞点上的切向相对速度，$v = \|v\|$；$\mu(\cdot)$ 表示摩擦系数，如式（5 - 23）所示。摩擦系数 $\mu(v)$ 的定义为

$$\mu(v) = \begin{cases} \text{step}(v,0,0,v_s,\mu_s) & 0 \leqslant v < v_s \\ \text{step}(v,v_s,\mu_s,v_d,\mu_d) & v_s \leqslant v \leqslant v_d \\ \mu_d & v > v_d \end{cases} \tag{5-23}$$

其中，v_s 表示静摩擦过渡切向相对速度；v_d 表示动摩擦过渡切向相对速度；μ_s 表示静摩擦系数；μ_d 表示动摩擦系数。

将碰撞点处的法向碰撞力和切向摩擦力表示在碰撞体的本体坐标系下，如图 5 - 12 所示。碰撞合力 $F \in \mathbf{R}^{3\times1}$ 和碰撞合力矩 $T \in \mathbf{R}^{3\times1}$ 可分别表示为

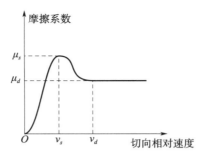

图 5 - 12　阻尼系数的特性曲线

$$\begin{cases} \boldsymbol{F}_i = (-1)^i (\boldsymbol{f}_n + \boldsymbol{f}_f) \\ \boldsymbol{T}_i = (-1)^i \boldsymbol{l}_i \times (\boldsymbol{f}_n + \boldsymbol{f}_f) \end{cases} \quad i = 1,2 \qquad (5-24)$$

其中，$\boldsymbol{F}_1$，$\boldsymbol{F}_2 \in \mathbf{R}^{3\times1}$ 和 $\boldsymbol{T}_1$，$\boldsymbol{T}_2 \in \mathbf{R}^{3\times1}$ 分别表示两碰撞体受到的碰撞合力和碰撞合力矩在碰撞体本体坐标系下的表示；$\boldsymbol{l}_1$，$\boldsymbol{l}_2 \in \mathbf{R}^{3\times1}$ 表示碰撞力的作用力矩。

5.3　柔性钢丝绳软捕获碰撞建模

在捕获过程中，主要通过驱动组件驱动转动环转动，实现钢丝绳对目标适配器捕获杆的缠绕，其缠绕过程即为钢丝绳与捕获杆的柔性接触碰撞过程。其过程如图 5 - 13 所示，其中三根钢丝绳 AB_1、BC_1、CA_1 采用交叉的方式一端固定在固定环上，另一端固定在转动环上。A、B、C 间隔 120°与固定环连接，A_1、B_1、C_1 间隔 120°与转动环连接。初始状态下，3 根钢丝绳紧贴固定环和转动环内壁，A 与 A_1，B 与 B_1，C 与 C_1 重合，如图 5 - 13（a）所示；当目标适配器的捕获杆进入捕获区域，转动环沿圆周转动，使得 3 根钢丝绳所围绕的中间区域逐步变小；钢丝绳开始与捕获杆接触，如图 5 - 13（b）所示；转动环继续转动，钢丝绳推动捕获杆向中心靠近，如图 5 - 13（c）所示，并最终完成对捕获杆的缠绕捕获，如图 5 - 13（d）所示。此部分的重点是建立钢丝绳的柔性接触碰撞模型。此部分内容包括碰撞点计算、钢丝绳与被捕获杆的碰撞力建模和捕获过程的动力学建模三部分。

5.3.1　几何建模与碰撞检测

首先对柔性捕获机构建立了非线性有限元模型，如图 5 - 14～图 5 - 16 所示，通过有限元分析可知，在钢丝绳与捕获杆发生碰撞之前，钢丝绳在平面内的投影为一个半径和圆心不断变化但总长不变的圆弧。而实际碰撞过程中，可通过试验方式测得变形量和接触力之间的关系。实际仿真过程中，将计算量耗费在求解柔性绳索的本构关系上会显著降低运算效率，而通过试验结果修正对应的接触力和绳索变形量之间的数学关系会更加实用且高效。

因此，在捕获过程的仿真中，本书采用的方法为直接通过几何关系快速确定碰撞点的位置和接触情况，进而通过当前接触变形后的绳索位置和变形前绳索的理想位置之间的变

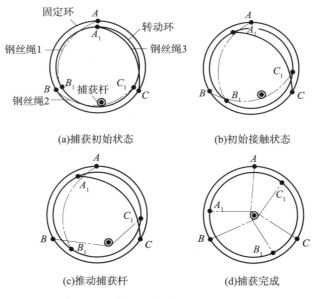

(a)捕获初始状态　　　　　　　(b)初始接触状态

(c)推动捕获杆　　　　　　　　(d)捕获完成

图 5 - 13　钢丝绳捕获过程（见彩插）

图 5 - 14　软捕获初始时刻有限元模型与试验对比（见彩插）

形量计算对应的接触力，即捕获作用力，求解捕获过程的动力学响应。

在捕获过程中，首先需确定钢丝绳与捕获杆的碰撞时间和碰撞点坐标，以下为建立的捕获杆的直线方程和钢丝绳的圆弧方程，通过联立求解即可得出捕获过程中所有发生碰撞的时间和碰撞点。

（1）捕获杆直线方程

如图 5 - 17 所示，a 和 b 为末端执行器上的两端点，通过在不同偏差状态下可计算该两端点的坐标。a_c 为捕获接触点，该点为捕获杆所在直线与捕获面的交点。实际捕获时，通过安装在末端执行器上的视觉传感器测得目标适配器相对末端执行器的位姿，因此，仿

图 5-15　软捕获过程中有限元模型与试验对比（见彩插）

图 5-16　软捕获结束时有限元仿真与试验对比（见彩插）

真中可直接测得该相对位姿，由此求得被捕获杆两端点 a 和 b 在末端执行器坐标下的坐标分别为 (x_1, y_1, z_1) 和 (x_2, y_2, z_2)，从而得到被捕获杆轴线所在直线在末端执行器坐标系下的直线方程

$$\frac{x-x_1}{x_2-x_1}=\frac{y-y_1}{y_2-y_1}=\frac{z-z_1}{z_2-z_1} \tag{5-25}$$

设第一次接触时间为 $t=t_1$，碰撞点为被捕获杆轴线与捕获面的交点，可由下式表述

$$\begin{cases} z=-H_0 \\ \dfrac{x-x_1(t_1)}{x_2(t_1)-x_1(t_1)}=\dfrac{y-y_1(t_1)}{y_2(t_1)-y_1(t_1)}=\dfrac{z-z_1(t_1)}{z_2(t_1)-z_1(t_1)} \end{cases} \tag{5-26}$$

第一次碰撞后，可测得目标适配器质心的运动速度为

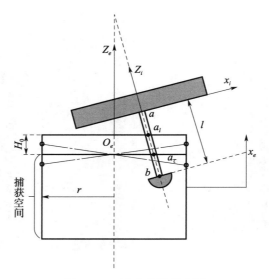

图 5-17　捕获接触示意图

$$\boldsymbol{v}=(v_x(t_1),v_y(t_1),v_z(t_1),\omega_x(t_1),\omega_x(t_1),\omega_x(t_1))^{\mathrm{T}} \tag{5-27}$$

由此可求得被捕获杆两端点的速度。

设第二次接触时间为 $t=t_2$，端点 a 和 b 在末端执行器坐标系下的坐标分别为$(x_1(t_2)$，$y_1(t_2)$，$z_1(t_2)$) 和 $(x_2(t_2)$，$y_2(t_2)$，$z_2(t_2)$)，该坐标位置是两端点速度的函数。同样，可得第二次碰撞时被捕获杆所在直线的方程为

$$\frac{x-x_1(t_2)}{x_2(t_2)-x_1(t_2)}=\frac{y-y_1(t_2)}{y_2(t_2)-y_1(t_2)}=\frac{z-z_1(t_2)}{z_2(t_2)-z_1(t_2)} \tag{5-28}$$

由上述方法，可计算第 n 次接触时末端执行器与捕获杆所在直线的方程。

（2）钢丝绳圆弧方程

假设转动环转动角度为 θ，如图 5-18 所示，建立三根钢丝绳此时的圆弧方程。设三段圆弧 AB_1、BC_1 和 CA_1 的圆心分别为 $O_1(x_{a1}，y_{a1})$，$O_2(x_{a2}，y_{a2})$，$O_3(x_{a3}，y_{a3})$，钢丝绳圆弧半径都为 R_a，三根钢丝绳的圆弧方程则为

$$\begin{cases} AB_1:(x-x_{a1})^2+(y-y_{a1})^2=R_a^2 \\ BC_1:(x-x_{a2})^2+(y-y_{a2})^2=R_a^2 \\ CA_1:(x-x_{a3})^2+(y-y_{a3})^2=R_a^2 \end{cases} \tag{5-29}$$

以下即为计算上述圆弧方程中的圆心坐标和圆弧半径。

由每段钢丝绳的端点坐标

$$A:(R_r,0)；B_1:\left(-R_r\cos\left(\frac{\pi}{3}-\theta\right)，\sin\left(\frac{\pi}{3}-\theta\right)\right) \tag{5-30}$$

$$B:\left(-\frac{R_r}{2}，\frac{\sqrt{3}R_r}{2}\right)；C_1:\left(-R_r\sin\left(\frac{\pi}{6}-\theta\right)，-R_r\cos\left(\frac{\pi}{6}-\theta\right)\right) \tag{5-31}$$

$$C:\left(-\frac{R_r}{2}，-\frac{\sqrt{3}R_r}{2}\right)；A_1:(R_r\cos\theta，R_r\sin\theta) \tag{5-32}$$

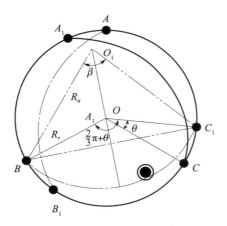

图 5 - 18　钢丝绳曲率分析模型

将以上端点坐标代入圆弧方程即可得每段圆弧的圆心坐标。

又由

$$\begin{cases} R_a \beta_s = l \\ R_a \sin\dfrac{\beta_s}{2} = R_r \sin\left(\dfrac{\pi}{3} + \dfrac{\theta}{2}\right) \end{cases} \tag{5-33}$$

即

$$\frac{l}{\beta_s} \sin\frac{\beta_s}{2} = R_r \sin\left(\frac{\pi}{3} + \frac{\theta}{2}\right) \tag{5-34}$$

可得三根钢丝绳的圆弧半径 R_a 。式中，l 为每根钢丝绳长度；β_s 为钢丝绳所在圆弧对应的圆弧角（弧度）；R_r 为转动环的半径。

由上述方程可得三根钢丝绳所在的曲线方程为

$$\begin{cases} AB_1 : (x - x_{a1})^2 + (y - y_{a1})^2 = R_a^2 \\ \qquad\qquad z = -H_0 \\ BC_1 : (x - x_{a2})^2 + (y - y_{a2})^2 = R_a^2 \\ \qquad\qquad z = -H_0 \\ CA_1 : (x - x_{a3})^2 + (y - y_{a3})^2 = R_a^2 \\ \qquad\qquad z = -H_0 \end{cases} \tag{5-35}$$

（3）碰撞时间和碰撞点坐标

钢丝绳与被捕获杆接触的时间和接触点坐标可通过下式确定

$$\begin{cases} z = -H_0 \\ \dfrac{x - x_1}{x_2 - x_1} = \dfrac{y - y_1}{y_2 - y_1} = \dfrac{z - z_1}{z_2 - z_1} \\ (x - x_{aj})^2 + (y - y_{aj})^2 = R_a^2, \qquad j = 1,2,3 \end{cases} \tag{5-36}$$

式中，$j = 1,2,3$ 分别表示第一、二、三根钢丝绳的圆弧方程。

5.3.2　钢丝绳与捕获杆的碰撞力建模

在钢丝绳与捕获杆碰撞前以及刚碰撞时，钢丝绳为圆弧状，如图 5 - 19 所示，因此，可将钢丝绳在捕获碰撞过程中的变形状态分为两个阶段，第一阶段为钢丝绳曲线拉伸阶段，第二阶段为其弹性变形阶段。在对此捕获过程进行法向碰撞力建模时，可基于弹性理论的 Hertz 接触模型，并采用通过加入嵌入量的函数对钢丝绳的刚度系数进行修正，使其模型可近似描述整个捕获过程的碰撞力变化。阻尼力建模和摩擦力建模方法一致，因此可参见 5.2.2 节的具体描述。

5.3.3　软捕获过程的动力学建模

针对图 5 - 3 所示的捕获模块建立捕获过程的动力学模型，从而得到载荷运动状态与驱动组件输出参数之间的关系。捕获模块驱动组件如图 5 - 3 所示。

转动环动力学方程

$$J\ddot{\theta} + \tau(\dot{\theta}) = \tau_m - \tau_p \tag{5-37}$$

式中，J 为转动环转动惯量；θ 为转动环角位移；τ_p 为接触力 F_c 引起的负载转矩；τ_m 为驱动组件的驱动力矩；F_c 为捕获接触力，即捕获过程中，钢丝绳对被捕获杆的作用力。

由于捕获杆与钢丝绳的接触比较复杂，此处通过虚功原理，利用转动环转动的微小位移和被捕获杆移动的微小位移，近似求解负载转矩 τ_p 与接触力 F_c 之间的关系。

捕获的初始状态，三根钢丝绳紧贴固定环和转动环内壁布置，三根钢丝绳的一端间隔 120°与固定环连接、另一端间隔 120°与转动环连接，在忽略钢丝绳直径的情况下，三根钢丝绳总长度为

$$L = 2\pi R \tag{5-38}$$

单根钢丝绳的长度为

$$L_{AB_1} = L_{BC_1} = L_{CA_1} \approx \frac{L}{3} = \frac{2\pi R}{3} \approx 2R \tag{5-39}$$

$$\Delta s = 2R\cos\frac{\alpha}{2} - 2R\cos\left(\frac{\alpha + \Delta\theta}{2}\right)$$
$$= 2R\cos\frac{\alpha}{2} - 2R\left(\cos\frac{\alpha}{2}\cos\frac{\Delta\theta}{2} - \sin\frac{\alpha}{2}\sin\frac{\Delta\theta}{2}\right) \tag{5-40}$$

式中，Δs 为钢丝绳与被捕获杆接触点径向移动的微小位移；$\Delta\theta$ 为转动环的微小角位移。

根据无穷小的性质，$\cos\frac{\Delta\theta}{2} \approx 1$，$\sin\frac{\Delta\theta}{2} \approx \frac{\Delta\theta}{2}$，可得

$$\Delta s \approx R\Delta\theta\sin\frac{\alpha}{2} = \frac{\sqrt{3}}{2}R\Delta\theta \tag{5-41}$$

由虚功原理，可得

$$\tau_p\Delta\theta = F_c\Delta s \tag{5-42}$$

由此可得捕获接触力与转动环驱动转矩之间的关系为

$$\tau_p = \frac{\sqrt{3}}{2}F_c R \qquad (5-43)$$

将上式代入转动环动力学方程即得载荷运动状态与驱动系统的关系

$$J\ddot{\theta} + \tau(\dot{\theta}) = \tau_m - \frac{\sqrt{3}}{2}F_c R \qquad (5-44)$$

5.4　复杂末端动力学模型验证

试验装置整体示意图如图 5-19 所示，试验设备从上到下依次为：1）运动捕捉系统；2）手动吊葫芦（承重 1 t）；3）弹性吊具；4）目标适配器；5）末端执行器；6）力传感器；7）试验台。

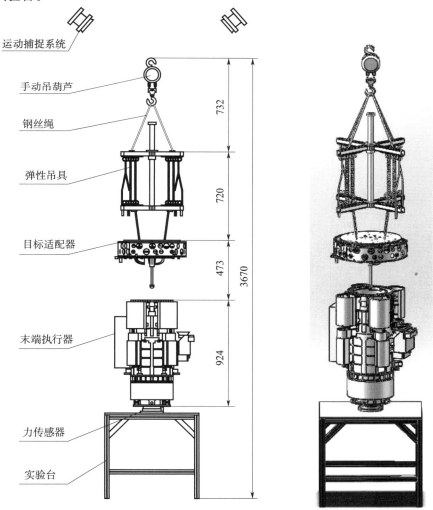

图 5-19　试验装置图（单位：mm）

验证试验一共做了 4 种工况，各工况的捕获参数如表 5-1 所示。

表 5 - 1　试验各工况的捕获参数

捕获过程	工况 1	工况 2	工况 3	工况 4
软捕获过程角速度/[(°)/s]	10	15	10	15
拖动过程速度/(mm/s)	11	11	8	8
导向过程拖动过程速度/(mm/s)	4			

（1）工况 1

图 5 - 20 为工况 1 中目标适配器的轴向轨迹，图 5 - 21 为末端执行器轴向力曲线。

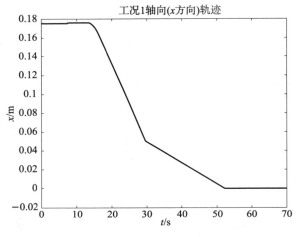

图 5 - 20　工况 1 目标适配器的轴向轨迹

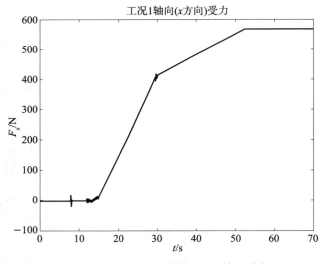

图 5 - 21　工况 1 末端执行器的轴向受力

（2）工况 2

图 5 - 22 为工况 2 中目标适配器的轴向轨迹，图 5 - 23 为末端执行器的轴向力曲线。

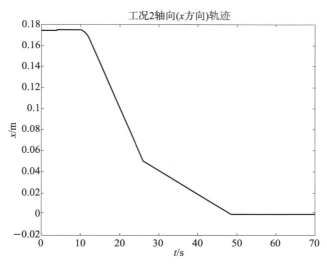

图 5-22　工况 2 目标适配器的轴向轨迹

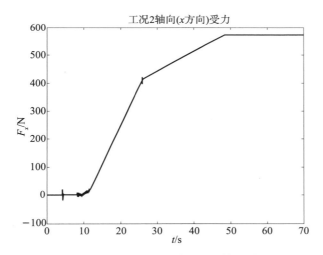

图 5-23　工况 2 末端执行器的轴向受力

（3）工况 3

图 5-24 为工况 3 中目标适配器的轴向轨迹，图 5-25 为末端执行器的轴向力曲线。

（4）工况 4

图 5-26 为工况 4 中目标适配器的轴向轨迹，图 5-27 为末端执行器的轴向力曲线。

由图 5-28 和图 5-29 工况 1 的轨迹和力的对比曲线可以看出，仿真与试验结果非常接近。如表 5-2 所示，在软捕获阶段（0~10 s），位移平均相对误差为 0.067%，此阶段载荷基本都在 6 N 以下，对捕获任务的影响很小，所以可以不考虑此阶段载荷峰值的误差；在拖动阶段（11~53.4 s），位移平均相对误差为 3.1%，仿真结果的载荷峰值为 593.2 N，试验结果的载荷峰值为 574.6 N，载荷峰值相对误差为 3.2%。以上分析数据表明，该捕获任务中的运动和受力情况都满足模型精度要求。

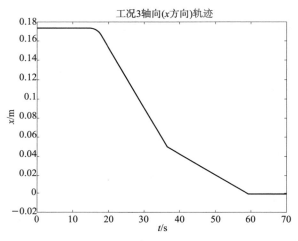

图 5 - 24　工况 3 目标适配器的轴向轨迹

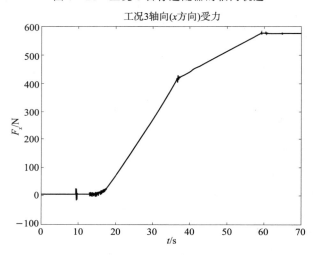

图 5 - 25　工况 3 末端执行器的轴向受力

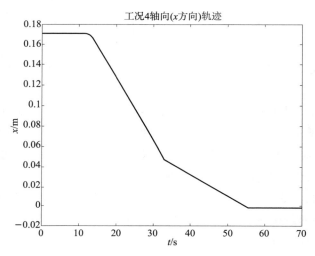

图 5 - 26　工况 4 目标适配器的轴向轨迹

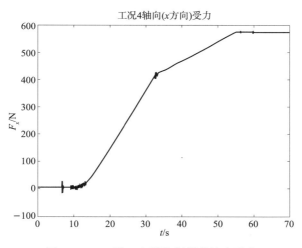

图 5 - 27　工况 4 末端执行器的轴向受力

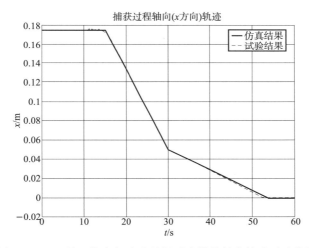

图 5 - 28　工况 1 仿真与试验目标适配器的轴向轨迹对比曲线

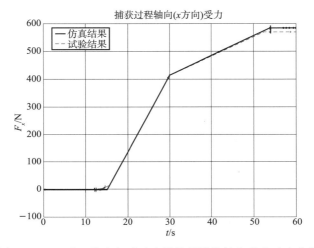

图 5 - 29　工况 1 仿真与试验末端执行器的轴向受力对比曲线

表 5 - 2　工况 1 仿真与试验结果对比误差

对比方式	位移平均相对误差	载荷峰值	载荷峰值相对误差
软捕获阶段(0～10 s)	0.067%	仿真/试验<6 N	
拖动阶段(11～53.4 s)	3.1%	仿真:593.2 N 试验:574.6 N	3.2%

第6章　空间机械臂控制

空间机械臂控制性能对机械臂的运动性能起着至关重要的作用，其控制对象包含了整臂运动控制和部件执行控制，而受限于在轨计算能力，在满足任务需求的前提下，空间机械臂控制系统设计通常以高稳定性、高可靠性为首要目标。空间机械臂控制系统包含了硬件和软件。软件的核心是算法，算法设计又包含两个方面内容，针对底层驱动的伺服控制算法和针对整臂或部件的控制算法，分别解决动作执行问题和动作设计的问题。本章重点针对空间机械臂的控制算法进行介绍。

6.1　空间机械臂控制架构设计

6.1.1　架构形式

空间机械臂通常具有两种控制架构形式：集中式和分布式。

集中式控制系统是指控制系统的所有软件运行在同一台硬件控制设备中，通过内部总线进行数据传输。分布式控制系统是指控制系统各软件独立运行在不同的硬件平台，不同硬件平台之间通过专用的总线进行数据传输。

相比于分布式控制系统，集中式控制系统由于控制系统硬件集中设计，在设备重量、功耗等方面具有明显优势，并且各任务层之间的数据传输不受总线传输速率的约束，控制算法的设计更为灵活。但由于关节、末端执行器等执行部件一般都是分开布置，需要将线缆经过各执行部件连接至控制系统，这将导致电缆数量很大，给机械臂运动带来较大的阻力，同时如果采用关节和臂杆内部走线设计，会导致本体各组成部分的尺寸增加，也很容易导致电磁兼容性问题；而外部走线对线缆弯曲半径、保护等方面都有非常严格的要求。综上所述，集中式控制系统适用于自由度低、本体尺寸较小的机械臂。集中式控制系统的典型结构如图 6-1 所示。

分布式控制系统由于不同单机之间相互独立，需要使用专用的通信总线。目前，采用分布式控制系统的空间机械臂在设计时，各单机会采用模块化、标准化设计思路。受限于器件抗辐照的能力和可靠性，分布式控制系统产品的尺寸往往较大，难以满足小型空间机械臂的要求，因此，分布式控制系统更适用于自由度较多、本体尺寸较大的空间机械臂。分布式控制系统的典型结构如图 6-2 所示。

6.1.2　总线设计

当控制系统采用分布式架构设计时，需要在各控制单元之间选用标准总线进行连接，

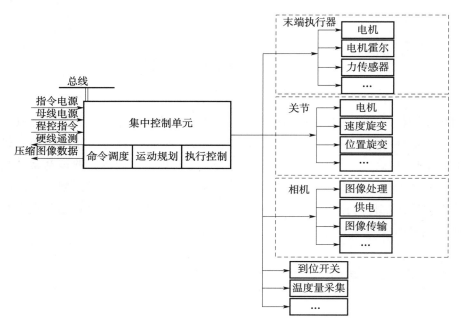

图 6-1　集中式控制系统的典型结构

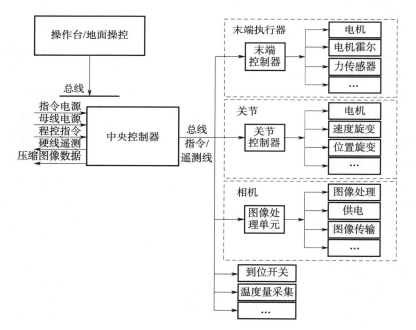

图 6-2　分布式控制系统的典型结构

在航天领域中可选用的总线包括 485 总线、CAN 总线、1553B 总线、1394 总线、Spacewire 总线等。其中 485 总线、CAN 总线、1553B 总线用于低速通信（传输速率小于 1 Mb/s），1394 总线、Spacewire 总线则用于高速通信（传输速率大于 100 Mb/s），具体设计时可根据设计需求进行选用，上述总线的对比情况如表 6-1 所示。

表 6-1　空间机械臂常用总线对比

	485 总线	CAN 总线	1553B 总线	1394 总线	Spacewire 总线
通信方式	半双工	半双工	半双工	半双工	半双工
传输速率	最大 10 Mb/s	1 Mb/s	1 Mb/s	32 Gb/s	400 Mb/s
可靠性	低	较低	高	高	高
成本	低	较低	高	高	高

6.1.3　工作模式设计

空间机械臂工作模式设计的目的是为了设置机械臂控制系统不同的工作状态，主要包括：

1）设置机械臂的硬件状态，包括开关、继电器等硬件的开关设置；

2）总线状态设计，包括传输周期、内容等状态设计；

3）软件状态设计，包括软件标志位、定时器等状态设计；

4）算法状态设计，根据设置的模式确认不同的算法模式。

不同类型、不同任务需求的机械臂的工作模式设置不尽相同，本书仅给出常用的工作模式，供读者参考。

（1）待机模式

待机模式指机械臂上电，但未执行操作的状态。在待机状态下，可对各控制器进行参数设置及状态监测等工作。控制系统加电启动并完成软/硬件自检后，自动进入待机模式，在轨长期工作时，也可以令控制系统处于待机模式，以使系统维持最基本的工作状态。

（2）自由模式

自由模式指机械臂上电，未执行操作，且机构处于解锁随动的状态。自由模式通常针对轨道环境下的空间机械臂，此时机械臂处于自由状态，容易实现关节反驱、随动等功能。

（3）伺服准备模式

伺服准备模式指机械臂上电并完成了运动之前的准备工作，包括驱动电源加电、制动器解锁等操作，机械臂各机构处于位置保持状态，保持机械臂当前的构型和状态。

（4）运动模式

运动模式指机械臂运动和执行操作的状态。此模式下机械臂接收指令并进行规定动作，完成运动规划、末端操作等操作。对于运动模式，根据控制方式、操作源的不同，可进行不同的子模式设计。

①预编程运动子模式

预编程数据预先存储在机械臂内部存储器中，存储的数据规定了所有执行部件的轨迹信息，运动规划层按控制周期将预编程的数据实时发送至各个执行部件，控制机械臂的输出轨迹或完成操作。在预编程运动子模式下，工作路径、操作顺序为固定状态。

②末端/目标参数输入控制子模式

末端/目标参数输入控制模式是由地面指挥中心或航天员将机械臂的末端点目标位姿或期望运动点输入控制系统，由控制系统自动进行轨迹规划的控制。

在末端/目标参数输入控制模式下，可以设置机械臂末端或移动的目标位姿、运动速度及加速度，并将之发送至运动规划层；运动规划层根据末端点目标位姿或期望运动点，进行运动规划，生成运动指令发送至执行控制层各部件，由执行控制层完成规定动作。

③视觉自主子模式

视觉自主模式是指机械臂根据视觉系统实时提供的目标位姿信息自主完成运动规划、动态跟踪或目标抓捕等动作。

④手柄控制子模式

手柄控制模式是指由地面指挥中心或航天人员根据机械臂状态信息（遥测、视觉等），通过手柄命令给定机械臂末端位姿或移动目标，从而实现机械臂的运动。手柄控制可以实现对机械臂的运动轨迹、速度、加速度等状态的操作和控制。

⑤力控制子模式

力控制模式包括阻抗控制、力/位混合等与力/力矩相关的力控方式，可实现目标操作、辅助对接等功能，可在整机或单个部件下进行力控制。

6.2　电机伺服控制

空间机械臂常用的伺服电机包括直流无刷电机（Brushless Direct Current Motor，BLCDM）和永磁同步电机（Permanent Magnet Synchronous Motor，PMSM）。BLDCM一般基于霍尔位置传感器信息进行换相，由于换相时绕组电流会发生剧烈变化，电机输出力矩波动较大，从而影响关节的运动控制性能；而 PMSM 通常基于旋转变压器等传感器信息进行空间矢量控制，既克服了 BLDCM 转矩波动大的缺点，又具可靠性高等优点。本节主要介绍这两种电机的驱动方法，并对关节的伺服控制算法进行说明。

6.2.1　永磁同步电机的空间矢量驱动控制方法

随着电子电力技术的发展，永磁同步电机因其转矩更平稳而得到迅速推广，在空间机械臂领域也得到广泛应用。永磁同步电机由电励磁三相同步电动机发展而来，它用永磁体代替了电励磁系统，从而省去了励磁绕组、集电环和电刷。永磁同步电机有多种驱动方法，如表 6-2 所示，其中磁场定向控制因其工作效率高、运动平稳而得到广泛应用，本书也主要介绍该方法。

表 6-2　机械臂关节永磁同步电机驱动模式对比

驱动方法	优势	不足	应用场合
电流滞环控制法	实现简单，响应速度快，鲁棒性强	开关频率不恒定，依赖于电机参数、直流母线电压和运行情况	一般应用于性能要求不高的控制器设计

续表

驱动方法	优势	不足	应用场合
电流反馈 CRPWM (Current Regulate PWM)	通过增大电流环的前向通道增益,来保证相电流与其给定信号的相位关系,控制简单	电流反馈放大器增益过大,将使电流噪声增大,幅值偏差、零漂增大,不利于抑制力矩波动,保证力矩平稳性指标	应用较少
磁场定向控制	控制方法相对成熟,没有电枢反应对电机的去磁问题,转矩平稳	计算量较大,对控制器实时计算能力要求高	目前在民品应用最为广泛,应用于各类主流地面伺服控制器中
直接转矩控制	无须进行磁场定向、矢量变换和电流控制,响应快速,结构简单	电机电流较大,磁链和转矩脉动,逆变器开关频率不恒定,在低速运行时难以精确控制	低速场合应用较少
功率因数等于 1 控制和恒磁链控制	充分利用逆变器的容量,获得较高的功率因数	控制设计复杂,计算量大	一般用于大功率交流

　　图 6-3 所示为二极面装式永磁同步电机结构,图中 AX、BY、CZ 分别为电机的三相绕组,相电压和电流分别为 u_a,u_b,u_c 和 i_a,i_b,i_c,其磁场方向规定了电机定子坐标系三轴指向,三相绕组表示位于 abc 轴上的线圈。根据电动机原理,假定相绕组中感应电动势的正方向与电流的正方向相反,取逆时针方向为转速和电磁转矩的正方向。定子绕组电压和电流合成 u_s 和 i_s,产生的磁场方向与 a 轴的夹角为 θ_s。转子为永磁体,其磁链表示为 ψ_f,等效电流为 i_f,转子磁链的方向与 a 轴的夹角为 θ_r,与定子合成磁场方向的夹角为 β。以转子磁链方向定义 D 轴(直轴),超前 D 轴 90° 表示为 Q 轴(交轴)。

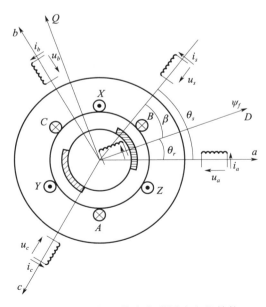

图 6-3　二极面装式永磁同步电机结构

根据电动机原理，永磁同步电机的电磁转矩为

$$t_e = p_0 \psi_f i_s \sin\beta = p_0 \boldsymbol{\psi}_f \times \boldsymbol{i}_s \tag{6-1}$$

其中，$\boldsymbol{\psi}_f$ 为永磁励磁磁场产生的磁链，在不考虑温度的情况下为恒定值，p_0 为极对数，$\boldsymbol{i}_s$ 为定子电流矢量，β 为 $\boldsymbol{\psi}_f$ 与 $\boldsymbol{i}_s$ 之间的夹角。由式（6-1）可以看出，决定电磁转矩的是定子电流在 Q 轴的分量。若控制 $\beta = 90°$，则 $i_d = 0$，$\boldsymbol{i}_s$ 与 $\boldsymbol{\psi}_f$ 在空间正交，定子电流全部为转矩电流。此时，虽然转子以 ω_r 的电角速度旋转，但是在 DQ 轴系内，$\boldsymbol{i}_s$ 与 $\boldsymbol{\psi}_f$ 却始终相对静止。

磁场定向控制，也称作空间矢量控制，通过检测电机转子的位置实现对定子电流或电压的控制，使定子绕组产生的磁场超前于转子 90°。根据式（6-1），通过空间矢量控制，电磁力矩 T_e 完全由 i_s 决定，控制 $\beta = 90°$，则 T_e 仅与 i_q 相关，故对永磁同步电机而言，可以用类似直流电机的控制方法控制永磁同步电机转矩，获得和直流电机相当的性能。

为了像直流电机那样通过电流控制力矩，在永磁同步电机的控制中，设想建立一个以电源角频率旋转的动坐标系 $(D，Q)$。从静止坐标系 $(a，b，c)$ 上看，合成定子电流矢量的各个分量都是随时间不断变化的量，这使合成矢量在空间以电源角频率旋转，从而形成旋转磁场，即合成定子电流矢量也是时变的。但是从动坐标系 $(D，Q)$ 上看，合成定子电流矢量却是静止的，即从时变量变成时不变量，从交流量变成了直流量。为便于计算，引入定子两相坐标系 $\alpha\beta$，其中 α 轴与 a 轴保持一致，β 轴超前 α 轴 90°。

这样，通过坐标变换把合成定子电流矢量从静止坐标系变换到旋转坐标系上，并在这个旋转坐标系中计算出实现力矩控制所需要的定子合成电流的数值，然后将这个电流值再反变换到静止坐标系中，将虚拟的合成电流转换成实际的绕组电流，从而实现电机力矩的控制。

图 6-4 所示为永磁同步电机的空间矢量控制原理，包括电机位置解算、Park 逆变换、空间矢量驱动（SVPWM）、Park 变换、Clark 变换等模块。

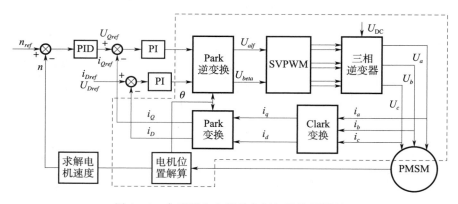

图 6-4　永磁同步电机的空间矢量控制原理

如图 6-5 所示的永磁同步电机的空间矢量控制，其流程如下：

①采样获取当前电机定子两相相绕组的电流 i_a，i_b

通常，可通过 AD 采集电机两相相绕组的电流。相电流采样存在的信号干扰可通过滤

波器进行处理，通常采用均值滤波器、一阶滤波器等。

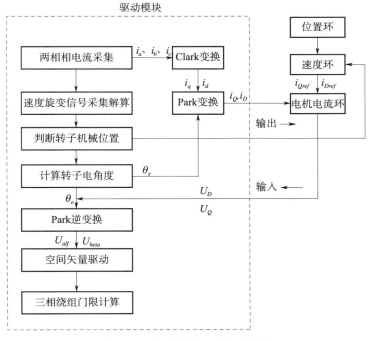

图 6-5 永磁同步电机驱动流程

②电机位置采集

空间矢量控制需采集转子位置，因此需使用位置传感器。在空间机械臂中，出于可靠性和抗力学环境特性考虑，通常采用旋转变压器（简称"旋变"）作为位置传感器，通过旋变解算电路计算出电机当前的角度 θ_m，同时该角度也可作为电机转速计算的输入。

③计算转子电角度 θ_e

根据转子机械位置计算电机转子电角度 θ_e，在 Park 变换和逆变换中使用的是电机电角度，因此需将机械角度转换为电角度。在安装旋变时，旋变零位与电机转子零位存在偏差，在计算电角度时需要进行修正。电机电角度按式（6-2）获取

$$\theta_e = (p \times (\theta_m - \theta_{err})) \% 2\pi \tag{6-2}$$

其中，p 为电机转子的极对数，θ_{err} 为旋变零位与转子零位误差，% 为取余符号。该方法可对电角度进行粗略的划分，如果需要更高的精度，可对电角度进行分段处理。

④Clark 变换

与永磁同步电机相关的坐标系包括定子三相坐标系 $(a，b，c)$、定子两相坐标系 $(alf，beta)$、转子两相坐标系 $(D，Q)$，通过这些坐标系间的变换，完成对电机三相电流的解耦。Clark 变换将定子电流矢量从定子三相坐标系 $(a，b，c)$ 转换到定子两相坐标系 $(alf，beta)$，即从 i_a、i_b、i_c 转换成 i_{alf}、i_{beta}，如下

$$\begin{cases} i_{alf} = i_a \\ i_{beta} = (i_a + 2 \times i_b) / \sqrt{3} \end{cases} \tag{6-3}$$

⑤Park 变换

Park 变换完成定子电流或电压从定子两相坐标系 $(alf，beta)$ 到转子两相坐标系 $(D，Q)$ 的变换，Park 变换得到了转子两相电流 i_D、i_Q

$$\begin{cases} i_D = i_{alf} \times \cos\theta_e + i_{beta} \times \sin\theta_e \\ i_Q = -i_{alf} \times \sin\theta_e + i_{beta} \times \cos\theta_e \end{cases} \tag{6-4}$$

⑥Park 逆变换

Park 逆变换完成定子电流或电压从转子两相坐标系 $(D，Q)$ 到定子两相坐标系 $(alf，beta)$ 的变换，即完成从 U_D、U_Q 到 U_{alf} 和 U_{beta} 的变换

$$\begin{cases} U_{alf} = U_D \times \cos\theta_e - U_Q \times \sin\theta_e \\ U_{beta} = U_D \times \sin\theta_e + U_Q \times \cos\theta_e \end{cases} \tag{6-5}$$

⑦空间矢量驱动（SVPWM）

空间矢量驱动的基本原理是通过三相桥电路的开关状态得到定子三相绕组电压矢量的合矢量，通过控制相邻的两个基本空间矢量的通断时间得到在空间近似的旋转磁场，由此计算出三相桥电路各相的导通时间，即 PWM 波的占空比，并将其转换成可以进行三角波调制的矢量切换点时间。其计算过程如下：

1）首先判断电压 U_{out} 所在的扇区。

令 $U_{r1} = U_{beta}$，$U_{r2} = U_{alf} - \dfrac{1}{\sqrt{3}} U_{beta}$，$U_{r3} = -U_{alf} - \dfrac{1}{\sqrt{3}} U_{beta}$

若 $U_{r1} > 0$，则 $A = 1$，否则 $A = 0$；

若 $U_{r2} > 0$，则 $B = 1$，否则 $B = 0$；

若 $U_{r3} > 0$，则 $C = 1$，否则 $C = 0$。

令 $N = A + 2B + 4C$。

2）计算 X、Y、Z 及 T_1、T_2。

令 $X = \sqrt{3} U_{beta} \times T_{pwm} / U_{dc}$

$Y = \left(\sqrt{3} U_{beta} / 2 + 3U_{alf} / 2 \right) \times T_{pwm} / U_{dc}$

$Z = \left(\sqrt{3} U_{beta} / 2 - 3U_{alf} / 2 \right) \times T_{pwm} / U_{dc}$

其中，U_{dc} 为驱动电压，T_{pwm} 为 PWM 的控制周期。

根据第 1）步求出的扇区号 N，设置中间值 T_1、T_2 取值方法，见表 6-3。

表 6-3　不同扇区的开关时间

扇区号 N	I	II	III	IV	V	VI
T_1	Z	Y	$-Z$	$-X$	X	$-Y$
T_2	Y	$-X$	X	Z	$-Y$	$-Z$

T_1、T_2 赋值后进行饱和判断：

若 $T_1 + T_2 > T_{pwm}$，则取 $T_1 = T_1 \times T_{pwm} / (T_1 + T_2)$，$T_2 = T_2 \times T_{pwm} / (T_1 + T_2)$。

3）计算矢量切换点 T_{cm1}、T_{cm2}、T_{cm3}。

定义 $t_{Aon} = \dfrac{T_{pwm} - T_1 - T_2}{2}$，$t_{Bon} = t_{Aon} + T_1$，$t_{Con} = t_{Bon} + T_2$。

根据不同扇区，定子三相绕组的矢量切换点 T_{cm1}、T_{cm2}、T_{cm3} 按表 6 - 4 进行赋值。

表 6 - 4　不同扇区的矢量切换点

扇区号 N	1	2	3	4	5	6
T_{cm1}	t_{Bon}	t_{Aon}	t_{Aon}	t_{Con}	t_{Con}	t_{Bon}
T_{cm2}	t_{Aon}	t_{Con}	t_{Bon}	t_{Bon}	t_{Aon}	t_{Con}
T_{cm3}	t_{Con}	t_{Bon}	t_{Con}	t_{Aon}	t_{Bon}	t_{Aon}

4）计算三相绕组门限输出 PWM。

三相桥电路的通、断状态由 PWM 占空比控制，在计算出各相绕组的矢量切换点后，需要将其转换成实际的 PWM 占空比，以实现对电机的驱动。

PWM 波采用对称三角波调制方法，如图 6 - 6 所示，在已知三相绕组矢量切换点 T_{cm1}、T_{cm2}、T_{cm3} 之后，通过三角波调制的方法可以将其转换成门限。当计数器的值与门限值匹配时，实现电平的切换。

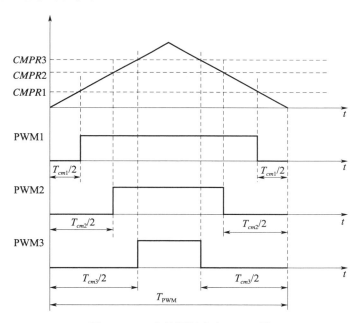

图 6 - 6　三角波调制产生 PWM 波

当采用对称三角波调制方法时，可得到切换点门限值

$$CMPR1 = \frac{FREQ \times T_{cm1}}{2}$$

$$CMPR2 = \frac{FREQ \times T_{cm2}}{2}$$

$$CMPR3 = \frac{FREQ \times T_{cm3}}{2}$$

其中，$FREQ$ 为调制波的定时频率。

6.2.2　直流无刷电机的驱动控制方法

（1）直流无刷电机原理

直流无刷电机具有无电刷、结构简单、体积小、质量轻、效率高、启动转矩大、过载能力强、高速操作性能好等优点。直流无刷电机驱动主要由直流电源、逆变器、保护电路、电机本体、位置检测、电流采集及其外围电路（驱动器）等几部分组成，如图 6-7 所示。其中位置传感器检测电机转子位置信号，驱动器根据预先设定的控制指令以及转子位置信号进行逻辑处理并产生相应的开关信号，开关信号以一定的顺序触发逆变器中的功率开关管，按照一定的逻辑关系导通电机定子的三相绕组，使电机产生持续不断的转矩输出。

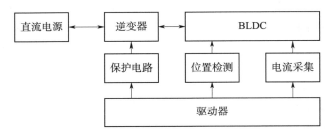

图 6-7　直流无刷电机结构简图

（2）步的定义

直流无刷电机通常使用霍尔传感器进行转子位置检测，在一个电周期内共有 6 个换向相位，依据霍尔传感器的输出信号来判断对应的相位，步就是相位的改变，一步等于一次相位的改变，通常使用的直流无刷电机相位为 60°。

（3）电机转子位置的确定

直流无刷电机通常采用霍尔传感器确定电机转子的位置。在直流无刷电机上安装 3 个霍尔位置传感器，彼此间隔 120°，传感器永磁体的极弧宽度为 180°。当电机转子旋转时，霍尔元件便交替输出 3 个宽为 180°、相位互差 120°的矩形波信号。三路霍尔传感器信号在一个电周期内可以获得 6 种霍尔脉冲沿信号，它反映了电机转子位置的变化，根据霍尔信号即可确定电机转子位置。

（4）电机角速度的计算

通过计算两个霍尔信号脉冲沿之间的时间差可计算出电机的实际转速（T 法），也可以通过测量单位时间内的脉冲数（M 法）求得。本书以 T 法为例，对于一台极对数为 1 的三相直流无刷电机，直流无刷电机每转过 360°会有 6 次换相，两次换相之间的时间间隔为 t，可以通过测量两次换相之间的时间差值来得到，则电机的角速度可以表示为

$$\omega = \frac{2\pi}{6t} = \frac{\pi}{3t}$$

因此角速度的计算可简化为除法，只需测出两换相信号之间的时间间隔 t 就可以得到所需的角速度信号。

（5）三相六状态 120°通电控制

空间机械臂使用的直流无刷电机通常采用三相全桥型控制结构、Y 型连接方式，通电方式为两两通电。所谓"两两通电"方式是指逆变器在每一瞬间有两个功率管导通，每隔 1/6 周期（60°电角度）换相一次，每次换相一个功率管，每一功率管导通 120°电角度，每个绕组通电角度为 240°，其中正向通电和反向通电各为 120°。当电机顺时针旋转时，各功率管的导通顺序是 T1、T4，T1、T6，T3、T6，T2、T3，T2、T5，T4、T5；当电机逆时针旋转时，各功率管的导通顺序是 T4、T5，T2、T5，T2、T3，T3、T6，T1、T6，T1、T4。采用这种通电控制，其转矩波动小，仅从 $0.87T_m$ 变化到 T_m。上述通电控制方式也称为三相六状态 120°通电控制。连接绕组三相桥式主电路如图 6-8 所示。

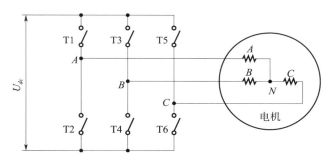

图 6-8　连接绕组三相桥式主电路

（6）PWM 调制控制方法

直流无刷电机的 PWM 信号，在控制桥式电路中采用 H_PWM-L_PWM 方式，即在每个导通状态控制器上、下桥臂的功率管全部进行 PWM 调制，如图 6-9 所示。

直流无刷电机的正反转控制与普通的电机不同，它不像异步电机那样通过改变电机三相的相序来改变电机转向，也不像传统的直流电机那样通过改变转子绕组的通电顺序来改变磁场极性从而改变电机转向。在直流无刷电机的运行过程中，它的通断始终与电机的转子位置信号分不开。通常规定，从电机输出端看，逆时针转动为正转，顺时针转动为反转。具体的电机转向与转子位置信号以及定子绕组之间的换相关系，如表 6-5 所示。

表 6-5　霍尔信号与换向的对应关系

方向控制	霍尔信号			逻辑驱动信号					
	Ha	Hb	Hc	T1	T2	T3	T4	T5	T6
1	1	0	1	1	0	0	1	0	0
1	1	0	0	1	0	0	0	0	1
1	1	1	0	0	0	1	0	0	1

续表

方向控制	霍尔信号			逻辑驱动信号					
	Ha	Hb	Hc	T1	T2	T3	T4	T5	T6
1	0	1	0	0	1	1	0	0	0
1	0	1	1	0	1	0	0	1	0
1	0	0	1	0	0	0	1	1	0
0	1	0	1	0	1	1	0	0	0
0	0	0	1	0	1	0	1	0	1
0	0	1	1	1	0	0	0	0	1
0	0	1	0	1	0	0	1	0	0
0	1	1	0	0	0	0	1	1	0
0	1	0	0	0	1	0	0	1	0
—	0	0	0	0	0	0	0	0	0
—	1	1	1	0	0	0	0	0	0

注:"1"表示正转;"0"表示反转;"—"表示无方向。

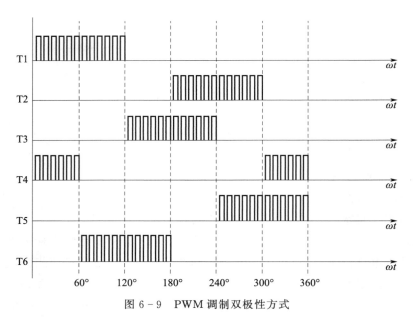

图 6 - 9 PWM 调制双极性方式

由表 6 - 5 可知,系统中电机的运行状态随着转子位置的变化而改变,因此,需要判断电机的转向,以选择不同的换相逻辑。

6.3 空间机械臂运动控制

空间机械臂运动控制实现对空间机械臂执行动作的计算,给出期望的力/力矩、速度或位置信息,当前主要方法包括 PID 控制、计算力矩控制、自适应控制、滑模变结构控制、鲁棒控制等。目前国外已经发射成功或正在研制的空间机械臂使用的控制方法均是在 PID 控制器的基础上进行改进，且基本都采用速度和位置双闭环的控制结构（见表 6-6）。虽然其他控制方法具有各自优势，但缺少工程实践和应用，且 PID 控制器实现简单，具有良好的鲁棒性，在各个领域得到广泛应用。

表 6-6　国外机械臂关节控制方式

型号	所属机构	控制方式	备注
SRMS	加拿大/NASA	速度环采用 PI 控制器	采用模拟电路搭建
SSRMS	加拿大/NASA	位置和速度双闭环,采用 PID 控制器,位置环控制频率 30 Hz,速度环控制频率 300 Hz	DSP 数字控制器
ERA	欧空局	关节伺服控制采用双闭环结构。其中,外环为位置环,控制频率为 20 Hz;内环为速度环,控制频率为 300 Hz,且两个环路均采用 PID 调节	用 80C31 和 80C32 两片单片机实现
ROKVISS 和 ROTEX	德宇航（DLR）	采用 PID 控制器	DSP 数字控制器

6.3.1　独立关节控制

6.3.1.1　数字 PID 控制

数字 PID 控制器的表达式为

$$u(k) = K_P e(k) + K_I \sum_{j=0}^{k} e(k) + K_D (e(k) - e(k-1)) \qquad (6-6)$$

式中，$e(k)$ 为控制系统第 k 步的误差，它为期望值与实际反馈值的差值，K_P 为比例系数，K_I 为积分系数，K_D 为微分系数，$u(k)$ 为控制器的输出量。其中 $K_I = K_P \dfrac{T}{T_I}$，$K_D = K_P$ $\dfrac{T_D}{T}$，T 为系统采样周期，T_I 为积分时间常数，T_D 为微分时间常数。

6.3.1.2　运动控制系统 PID 控制策略

伺服控制算法采用三环 PID 控制方法，如图 6-10 所示，三环 PID 包括了位置环、速度环和电流环。

伺服控制器的指令通常来自上位控制计算机，空间机械臂多采用 CAN、1553B 等总线，其发送期望指令的周期为 1~20 Hz，为了与伺服控制系统匹配，可采取等值、差值、滤波等处理方式。由于永磁同步电机的控制相对复杂，本书以永磁同步电机为例介绍其三环控制方式，直流无刷电机可以进行参考。

6.3.1.3　伺服控制系统三环控制的特点

（1）电流环

电流环对转子两相坐标系下的交轴（Q 轴）电流和直轴（D 轴）电流进行控制，交

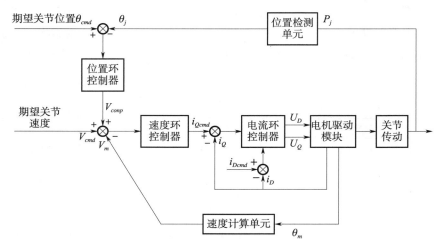

图 6 - 10　三环 PID 控制

轴电流的输入来自速度环的输出，而直轴电流的期望值为 0，经电流环控制器后转换为定子两相坐标系下的电压 U_Q 和 U_D。电流环控制器在最内环，为提高电流的响应速度通常采用 PI 控制，其控制框图如图 6 - 11 所示。

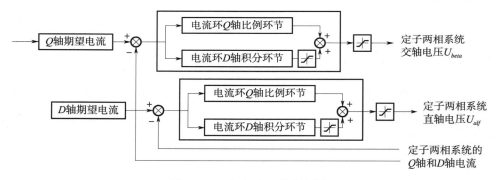

图 6 - 11　电流环 PI 控制框图

在仿真或调试时，可将永磁同步电机转换成直流电机进行电流控制，在直流电机的模型中，存在一项 $\dfrac{1}{T_l s + 1}$ 的一阶惯性环节，T_l 为电机的电磁时间常数，决定于电机物理特性，而 PI 控制器的数学表达式为 $W_{ACR}(s) = \dfrac{K_p s + K_i}{s} = \dfrac{K_p(\tau_i s + 1)}{\tau_i s}$，可以通过控制 τ_i 消除一阶惯性环节，将电机简化为 I 型系统，可以快速进行调试。

（2）速度环

速度环对伺服系统的速度进行控制，为避免传动系统中回差、摩擦等非线性因素的影响，速度控制采用内闭环，即使用电机速度作为被控对象而非关节速度。速度环框图如图 6 - 12 所示，对电机速度进行控制，得到的输出作为电流环的输入。

速度环控制器是整个伺服控制的核心部分，其控制性能对关节的伺服控制性能起主要

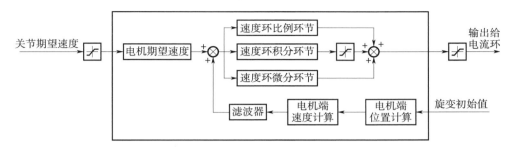

图 6-12 速度环 PID 控制框图

作用，速度环控制器可在 PID 控制器的基础上进行改进，改进效果如表 6-7 所示。

表 6-7 关节速度环控制器改进效果

速度环改进过程	改进目的	改进效果
基本 PID 控制器	—	—
抗积分饱和输出限幅	提高系统的安全性	保证控制器输出受限
微分环节直接使用反馈速度,而不使用速度差	减小噪声经过微分后的噪声放大	降低关节电机速度高频振动
增加速度负反馈	提高系统阻尼,增加参数的负载适应范围	参数的负载适应范围由原来的 1 个数量级提高至可适应 3~4 数量级的惯量负载变化
比例环节增加一阶滤波器	在不改变相角裕度的前提下增大幅值裕度	参数的负载适应范围由原来的 3~4 个数量级提高至可适应至少 6 个数量级的惯量负载变化

（3）位置环

位置环对关节位置进行控制，为保证控制精度满足要求，位置环采用外闭环控制，即控制传动系统输出端的角度。为提高控制系统的稳定性，可以采用 P 或 PD 控制器，通过速度的比例环节保证稳态误差。

6.3.2 计算转矩控制

独立关节控制适用于点到点运动，而为了使机械臂末端能够跟踪一段连续的轨迹可通过计算力矩法进行前馈设计。如无特别说明，总是不失一般性地认为所确定的期望轨迹为关节空间中一条连续时变轨迹 $q_d(t)$，且它是二次可微的，即存在有界的 $\dot{q}_d(t)$ 和 $\ddot{q}_d(t)$。

用计算力矩法设计控制方案的基本思路是：先在内控制回路中引入非线性补偿，使机械臂转化为更易于控制的线性定常系统。

具体地说，先引入控制率

$$\boldsymbol{\tau} = \boldsymbol{C}(\boldsymbol{q}, \dot{\boldsymbol{q}})\dot{\boldsymbol{q}} + \boldsymbol{G}(\boldsymbol{q}) + \boldsymbol{H}(\boldsymbol{q})\boldsymbol{u} \qquad (6-7)$$

这样受控机械臂方程为

$$\boldsymbol{H}(\boldsymbol{q})\ddot{\boldsymbol{q}} + \boldsymbol{C}(\boldsymbol{q}, \dot{\boldsymbol{q}}) + \boldsymbol{G}(\boldsymbol{q}) = \boldsymbol{\tau} = \boldsymbol{C}(\boldsymbol{q}, \dot{\boldsymbol{q}})\dot{\boldsymbol{q}} + \boldsymbol{G}(\boldsymbol{q}) + \boldsymbol{H}(\boldsymbol{q})\boldsymbol{u}$$

消去非线性项后化为

$$\boldsymbol{H}(\boldsymbol{q})\ddot{\boldsymbol{q}} = \boldsymbol{H}(\boldsymbol{q})\boldsymbol{u}$$

因 $H(q)$ 可逆，故上式等价于一个解耦的线性定常系统

$$\ddot{q} = u$$

考虑到当期望轨迹 $q_d(t)$ 给定后 $\dot{q}_d(t)$ 和 $\ddot{q}_d(t)$ 均已知，可对上述线性定常系统引入具有偏置的 PD 控制

$$u = \ddot{q}_d + K_d(\dot{q}_d - \dot{q}) + K_p(q_d - q) = \ddot{q}_d + K_d\dot{e} + K_p e \qquad (6-8)$$

式中，K_d 和 K_p 均为正定矩阵（为计算方便可取为对角矩阵），这样闭环系统方程为

$$\ddot{e} + K_d\dot{e} + K_p e = 0$$

从而由 K_d 和 K_p 的正定性知 $(e, \dot{e}) = (0, 0)$ 是全局渐近稳定的平衡点，即从任何初始条件 $(q_0, \dot{q}_0)$ 出发，总有 $(q, \dot{q}) \rightarrow (q_d, \dot{q}_d)$，这就实现了全局稳定的轨迹跟踪，将式 （6-8）代入式（6-7）后得出控制律的完整表达式为

$$\tau = H(q)(\ddot{q}_d + K_d\dot{e} + K_p e) + C(q,\dot{q}) + G(q) \qquad (6-9)$$

由式（6-9）可看出，控制 τ 可在机械臂逆动力学算法中令 $\ddot{q} = \ddot{q}_d + K_d\dot{e} + K_p e$ 后计算出。因此这种控制方法常被称为"计算力矩法"。正是由于利用计算力矩法进行实时控制的需要，促使许多研究者至今仍在研究各种计算更有效的计算力矩法。计算力矩法的控制框图如图 6-13 所示。

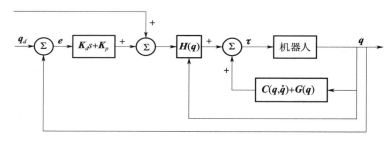

图 6-13　计算力矩控制框图

计算力矩法是典型的考虑机械臂动力学模型的动态控制方法，它是自由运动机械臂轨迹跟踪控制中最重要的方法，在机械臂控制问题研究中起着很重要的作用。

6.3.3　滑模变结构控制

6.3.3.1　滑模动态定义及数学表达

滑模变结构控制（Variable Structure Control，VSC）本质上是一类特殊的非线性控制，其非线性表现为控制的不连续性。这也是这种控制策略与常规控制的根本区别，即具有一种使系统"结构"随时间变化的开关特性。该控制特性可以迫使系统在一定特性下沿规定的状态轨迹作小幅度、高频率的上下运动，即所谓的滑动模态或"滑模"运动。这种滑动模态是可以设计的，且与系统的参数及扰动无关。这样，处于滑模运动的系统就具有很好的鲁棒性。

滑动模态控制的概念和特性如下：

如图 6 - 14 所示，对一般系统

$$\dot{x} = f(x) \quad x \in \mathbf{R}^n \tag{6-10}$$

它将空间状态分为上下两个部分：$s > 0$ 及 $s < 0$，在切换面上的运动点有三种情况：

通常点——系统运动点运动到切换面 $s = 0$ 附近时，穿越此点而过（点 A）。

起始点——系统运动点到达 $s = 0$ 附近时，向切换面的该点两边离开（点 B）。

终止点——系统运动点到达切换面 $s = 0$ 附近时，从切换面的两边趋向于该点（点 C）。

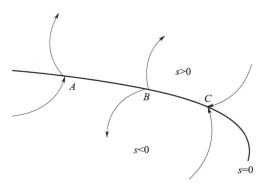

图 6 - 14　切换面上的三点特征

如果在切换面上某一区域内所有的点都终止到切换面上，则一旦运动点趋近于该区域时，就被"吸引"在该区域内运动。此时，就称在切换面 $s = 0$ 上所有的运动点到终止点的区域为"滑动模态区"，或简称为滑模区。系统在滑模区中的运动就成为"滑模运动"。

按照滑动模态区上的运动点都必须是终止点这一要求，当运动点到达切换面 $s(x) = 0$ 附近时，必有

$$\lim_{x \to 0^+} \dot{s} \leqslant 0 \text{ 及 } \lim_{x \to 0^-} \dot{s} \geqslant 0 \tag{6-11}$$

上式也可写成

$$\lim_{x \to 0} s\dot{s} \leqslant 0 \tag{6-12}$$

此不等式对系统提出了式（6 - 13）的 Lypunov 函数的必要条件

$$v(x_1, \quad x_2, \quad \cdots, \quad x_n) = [s(x_1, \quad x_2, \quad \cdots, \quad x_n)]^2 \tag{6-13}$$

由于在切换面邻域内式（6 - 13）是正定的，而按照式（6 - 12），s^2 的导数是负半定的，也就是说，在 $s = 0$ 附近 v 是一个非增函数，因此如果满足条件式（6 - 12），则式（6 - 13）是系统的一个条件 Lypunov 函数。系统本身也稳定于条件 $s = 0$。

6.3.3.2　滑模面及趋近率设计

针对线性系统

$$\dot{x} = Ax + bu \quad x \in \mathbf{R}^n, \quad u \in \mathbf{R} \tag{6-14}$$

滑模面可设计为

$$s(t) = ce(t) + \dot{e}(t) \tag{6-15}$$

其中，$e(t)$ 和 $\dot{e}(t)$ 分别为跟踪误差及其变化率，c 必须满足 $c > 0$。

滑模运动包括趋近运动和滑模运动两个过程。系统从任意初始状态趋向切换面，直到到达切换面的运动称为趋近运动，即趋近运动是 $s \to 0$ 的过程。常用的指数趋近率如下

$$\dot{s} = -\varepsilon \, \mathrm{sgn}s - ks \quad \varepsilon > 0, \quad k > 0 \tag{6-16}$$

式中，$\dot{s} = -ks$ 是指数趋近率项，其解为 $s = s(0)e^{-kt}$。指数趋近中，趋近速度从一较大值逐步减小到零，不仅缩短了趋近时间，而且使运动点到达切换面时的速度很小。单纯的指数趋近，运动点逼近切换面是一个渐进的过程，不能保证有限时间内到达，切换面上也就不存在动态模态了，所以增加一个等速趋近项 $\dot{s} = -\varepsilon \, \mathrm{sgn}s$，使当 s 接近于零时，趋近速度是 ε 而不是零，可以保证有限时间到达。

此处以计算力矩法为例，推导控制算法，设机械臂的模型为

$$\boldsymbol{H}(\boldsymbol{q})\ddot{\boldsymbol{q}} + \boldsymbol{C}(\boldsymbol{q}, \dot{\boldsymbol{q}})\dot{\boldsymbol{q}} + \boldsymbol{F}(\dot{\boldsymbol{q}}) = \boldsymbol{\tau} \tag{6-17}$$

其中，$\boldsymbol{H}(\boldsymbol{q}) \in \mathbf{R}^{n \times n}$ 是对称、有界正定惯性矩阵；$\boldsymbol{C}(\boldsymbol{q}, \dot{\boldsymbol{q}}) \in \mathbf{R}^{n}$ 表示向心力和科氏力向量；$\boldsymbol{F}(\dot{\boldsymbol{q}}) \in \mathbf{R}^{n}$ 代表摩擦力矩向量；

机械臂动力学方程满足如下性质：

性质 1：$\boldsymbol{H}(\boldsymbol{q})$ 为对称正定矩阵，$\boldsymbol{H}(\boldsymbol{q})$ 与 $\boldsymbol{H}^{-1}(\boldsymbol{q})$ 均一致有界；

性质 2：矩阵函数 $\dot{\boldsymbol{H}}(\boldsymbol{q}) - 2\boldsymbol{C}(\boldsymbol{q}, \dot{\boldsymbol{q}})$ 对于任意 $\boldsymbol{\theta}_L, \dot{\boldsymbol{\theta}}_L$ 为斜对称阵；

当不知空间机械臂的惯性参数时，根据计算力矩法，取控制率为

$$\boldsymbol{\tau} = \hat{\boldsymbol{H}}(\boldsymbol{q})\boldsymbol{v} + \hat{\boldsymbol{C}}(\boldsymbol{q}, \dot{\boldsymbol{q}})\dot{\boldsymbol{q}} + \hat{\boldsymbol{F}}(\dot{\boldsymbol{q}}) \tag{6-18}$$

其中，$\hat{\boldsymbol{H}}(\boldsymbol{q})$，$\hat{\boldsymbol{C}}(\boldsymbol{q}, \dot{\boldsymbol{q}})$ 和 $\hat{\boldsymbol{F}}(\dot{\boldsymbol{q}})$ 为利用惯性参数估计值计算出的 $\boldsymbol{H}$、$\boldsymbol{C}$ 和 $\boldsymbol{F}$ 估计值，则闭环系统方程式为

$$\boldsymbol{H}(\boldsymbol{q})\ddot{\boldsymbol{q}} + \boldsymbol{C}(\boldsymbol{q}, \dot{\boldsymbol{q}})\dot{\boldsymbol{q}} + \boldsymbol{F}(\dot{\boldsymbol{q}}) = \hat{\boldsymbol{H}}(\boldsymbol{q})\boldsymbol{v} + \hat{\boldsymbol{C}}(\boldsymbol{q}, \dot{\boldsymbol{q}})\dot{\boldsymbol{q}} + \hat{\boldsymbol{F}}(\dot{\boldsymbol{q}}) \tag{6-19}$$

即

$$\hat{\boldsymbol{H}}(\boldsymbol{q})\ddot{\boldsymbol{q}} = \hat{\boldsymbol{H}}(\boldsymbol{q})\boldsymbol{v} - [\tilde{\boldsymbol{H}}(\boldsymbol{q})\ddot{\boldsymbol{q}} + \tilde{\boldsymbol{C}}(\boldsymbol{q}, \dot{\boldsymbol{q}})\dot{\boldsymbol{q}} + \tilde{\boldsymbol{F}}(\dot{\boldsymbol{q}})] = \hat{\boldsymbol{H}}(\boldsymbol{q})\boldsymbol{v} - \boldsymbol{Y}(\boldsymbol{q}, \dot{\boldsymbol{q}}, \ddot{\boldsymbol{q}})\tilde{\boldsymbol{p}} \tag{6-20}$$

其中：$\tilde{\boldsymbol{H}} = \boldsymbol{H} - \hat{\boldsymbol{H}}$，$\tilde{\boldsymbol{C}} = \boldsymbol{C} - \hat{\boldsymbol{C}}$，$\tilde{\boldsymbol{F}} = \boldsymbol{F} - \hat{\boldsymbol{F}}$，$\tilde{\boldsymbol{p}} = \boldsymbol{p} - \hat{\boldsymbol{p}}$。

若惯性参数的估计值 $\tilde{\boldsymbol{p}}$ 使得 $\hat{\boldsymbol{H}}(\boldsymbol{q})$ 可逆，则闭环系统式（6-20）可写为

$$\ddot{\boldsymbol{q}} = \boldsymbol{v} - [\hat{\boldsymbol{H}}(\boldsymbol{q})]^{-1}\boldsymbol{Y}(\boldsymbol{q}, \dot{\boldsymbol{q}}, \ddot{\boldsymbol{q}})\tilde{\boldsymbol{p}} = \boldsymbol{v} - \boldsymbol{\varphi}(\boldsymbol{q}, \dot{\boldsymbol{q}}, \ddot{\boldsymbol{q}}, \hat{\boldsymbol{p}})\tilde{\boldsymbol{p}} \tag{6-21}$$

定义

$$\boldsymbol{\varphi}(\boldsymbol{q}, \dot{\boldsymbol{q}}, \ddot{\boldsymbol{q}}, \hat{\boldsymbol{p}})\tilde{\boldsymbol{p}} = \tilde{\boldsymbol{d}}$$

其中，$\tilde{\boldsymbol{d}} = [\tilde{d}_1, \cdots, \tilde{d}_n]^{\mathrm{T}}$，$\boldsymbol{d} = [d_1, \cdots, d_n]^{\mathrm{T}}$。

取滑动面

$$\boldsymbol{s} = \dot{\boldsymbol{e}} + \boldsymbol{\Lambda}\boldsymbol{e}$$

其中：$\boldsymbol{e} = \boldsymbol{q}_d - \boldsymbol{q}$，$\dot{\boldsymbol{e}} = \dot{\boldsymbol{q}}_d - \dot{\boldsymbol{q}}$，$\boldsymbol{s} = [s_1, \cdots, s_n]^{\mathrm{T}}$，$\boldsymbol{\Lambda}$ 为正对角阵。则

$$\dot{\boldsymbol{s}} = \ddot{\boldsymbol{e}} + \boldsymbol{\Lambda}\dot{\boldsymbol{e}} = (\ddot{\boldsymbol{q}}_d - \ddot{\boldsymbol{q}}) + \boldsymbol{\Lambda}\dot{\boldsymbol{e}} = \ddot{\boldsymbol{q}}_d - \boldsymbol{v} + \tilde{\boldsymbol{d}} + \boldsymbol{\Lambda}\dot{\boldsymbol{e}}$$

取

$$v = \ddot{q}_d + \Lambda \dot{e} + d \qquad (6-22)$$

其中，d 为待设计的向量，则

$$\dot{s} = \tilde{d} - d$$

选取：$d = (\bar{d} + \eta) \mathrm{sgn}(s)$，$\| \tilde{d} \| \leqslant \bar{d}$，其中 $\eta > 0$，则

$$\dot{s}s = (\tilde{d} - d)s = \tilde{d}s - \bar{d}\,\mathrm{sgn}(s) - \eta\,\mathrm{sgn}(s) \leqslant -\eta |s| \leqslant 0$$

由式（6-18）和式（6-22），得滑模控制律为

$$\tau = \hat{H}(q)v + \hat{C}(q, \dot{q})\dot{q} + \hat{F}(\dot{q}) \qquad (6-23)$$

其中，$v = \ddot{q}_d + \Lambda \dot{e} + d$，$d = (\bar{d} + \eta)\mathrm{sgn}(s)$。

由控制律（6-23）可知，若参数估计值 $\hat{p}$ 越准确，则 $\| p \|$ 越小，滑模控制产生的抖振越小。

6.4　空间机械臂力控制

在多数任务中，机械臂不可避免地要与环境接触，相互作用而产生接触力，此时不仅需要控制机械臂的运动，同时还要保证接触力满足要求。机械臂力控制是指通过控制关节输出从而控制机械臂与环境的作用力的方法。机械臂力控制主要有两方面的作用，一方面，一些力是需要消除或消弱的，如冲击产生的力，机械臂要对力做出相应的响应来避免力继续增大，防止机械臂受到损坏；另一方面，作用力是完成特定任务所必需的，如某些装配任务需要提供插入力的作用。20 世纪 80 年代以来发展出许多力控制算法，它们大多可以划入到两个范畴之内，即力位混合控制和阻抗控制。

空间任务对力控制的需求极其广泛，如对飞行目标的抓捕，需要力控制减小冲击；在轨维修、装配任务，需要力控制的柔顺性以提高装配精度；足式探测机器人需要多支链协同力控制避免闭链间内力；另外对于在轨构建、地外天体原位建造等任务，力控制都具有不可或缺的重要意义。

6.4.1　阻抗控制

Hogan 在 1985 年提出了阻抗控制的概念，认为力控制不应单独地跟踪位置或力的轨迹，而应调节它们的关系。他假设"任何一种控制器都无法使其受控物理系统对环境产生有别于单纯物理系统反馈的输出"。阻抗控制为避碰、有约束和无约束运动提供了一种统一的方法，能实现系统由不接触到接触的稳定转换。基于此，阻抗控制在实际工程中应用更为广泛。

阻抗控制通常期望机械臂具有一种良好的力和运动的动态关系，进而通过控制实现或渐近实现这种关系，由此从期望阻抗方程入手就有了两种实现方式，一种是测量运动、控制力，称为基于力的阻抗控制（或显式阻抗控制）；另一种是测量力、控制位置，称为基于位置的阻抗控制（或隐式阻抗控制）。也有些文献将基于力的阻抗控制称为阻抗控制，

而将基于位置的阻抗控制称为导纳控制。

6.4.1.1　动力学系统的阻抗与期望阻抗方程

一个动力学系统的阻抗定义为系统所受外力的拉普拉斯变换与速度的拉普拉斯变换之比，即

$$Z(s) = \frac{F(s)}{V(s)} \qquad (6-24)$$

通常期望机械臂具有笛卡儿空间的二阶线性系统型阻抗，即希望机械臂的执行部件的动态特性等效为质量-弹簧-阻尼模型，其期望阻抗为

$$Z(s) = M_d(s) \cdot s + B_d(s) + \frac{K_d(s)}{s}$$

其中，M_d 为正定的期望惯性矩阵，B_d 为正定或半正定的期望阻尼矩阵，K_d 为正定或半正定的期望刚性矩阵。

考虑有以偏置形式存在的期望运动和期望接触力，则上式的时域下表达为

$$M_d(\ddot{x} - \ddot{x}_c) + B_d(\dot{x} - \dot{x}_c) + K_d(x - x_c) = F_d - F_e \qquad (6-25)$$

式中，x_c 是任务空间期望位姿，F_e 是机械臂与环境的作用力，F_d 是期望环境作用力。上式称为阻抗控制的期望阻抗方程。

期望阻抗方程需要通过阻抗控制算法来实现，有些时候期望阻抗方程是渐近实现的，即满足

$$\lim_{t \to \infty} [M_d(\ddot{x} - \ddot{x}_c) + B_d(\dot{x} - \dot{x}_c) + K_d(x - x_c) - F_d + F_e] = 0 \qquad (6-26)$$

但是必须注意，其收敛速度一般要高于期望阻抗系统的响应速度。

6.4.1.2　基于位置的阻抗控制

基于位置的阻抗控制直接将力反馈信号用到运动控制环路中（见图 6-15），力信号对应到位置环路即为刚度控制，对应到速度环路即为阻尼控制，二者兼有即为阻抗控制。其基本思想是从式（6-25）的期望阻抗中解出笛卡儿空间速度，然后变换到关节速度（或求出关节位置），最后通过关节控制器实现。

从式（6-25）的阻抗方程解出速度得

$$\dot{x} = \dot{x}_c - B_d^{-1}[M_d(\ddot{x} - \ddot{x}_c) + K_d(x - x_c) - (F_d - F_e)] \qquad (6-27)$$

由于加速度量难以测量，忽略掉惯量 M_d，以速度为控制量的阻抗控制律由式（6-28）和式（6-29）给出

$$\dot{x}_r = \dot{x}_c - B_d^{-1}[K_d(x - x_c) - (F_c - F_e)] \qquad (6-28)$$

$$\dot{q}_r = J^{-1} \dot{x}_r \qquad (6-29)$$

其中，$\dot{x}_r$、$\dot{q}_r$ 为笛卡儿空间和关节空间的参考速度。之后再利用关节速度环对 $\dot{q}_r$ 进行跟踪。这种算法实际输出量是关节期望速度或位置，而对关节的速度或位置环如何实现并不关心。这种阻抗控制一般不能指定期望惯量矩阵，受位置环响应的影响，系统会自然表现出一定惯性特性。基于位置的阻抗控制的优点是容易实现，在位置环或速度环的基础上稍

作改动即可，但由于响应速度的限制，以上方法得到的阻抗控制只能是近似的，一般得不到全局收敛性，并且当 $\boldsymbol{B}_d^{-1}$ 过小、$\boldsymbol{K}_d$ 过大且 PD 参数较大时很容易引起不稳定。

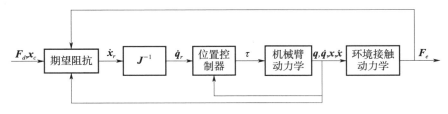

图 6-15　基于位置的阻抗控制

6.4.1.3　基于力的阻抗控制

基于力的阻抗控制与基于位置的阻抗控制相似，如果从期望阻抗方程中解出接触力 $\boldsymbol{F}_e$，可得

$$\boldsymbol{F}_e = \boldsymbol{F}_d - \boldsymbol{M}_d(\ddot{\boldsymbol{x}} - \ddot{\boldsymbol{x}}_c) + \boldsymbol{B}_d(\dot{\boldsymbol{x}} - \dot{\boldsymbol{x}}_c) + \boldsymbol{K}_d(\boldsymbol{x} - \boldsymbol{x}_c) \tag{6-30}$$

由于加速度量难以测量，忽略掉惯量 $\boldsymbol{M}_d$，根据机械臂任务空间和关节空间的静力等效关系可采用以下控制算法实现

$$\boldsymbol{F}_r = -\boldsymbol{B}_d(\dot{\boldsymbol{x}} - \dot{\boldsymbol{x}}_c) - \boldsymbol{K}_d(\boldsymbol{x} - \boldsymbol{x}_c) + \boldsymbol{F}_d \tag{6-31}$$

$$\boldsymbol{\tau} = \boldsymbol{J}^{\mathrm{T}} \boldsymbol{F}_r \tag{6-32}$$

这种算法的优点是柔顺性和稳定性较好，并且无须测量机械臂与环境的作用力，也比较容易实现，但是由于力从任务空间到关节空间只用到了雅可比矩阵进行静力等效变换，忽略了动力学等的影响，实现的阻抗方程也是近似的，因此，实际应用时可以加入动力学前馈以改善性能。这种算法也称为基于雅可比转置的阻抗控制，如图 6-16 所示。

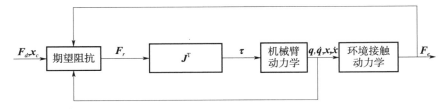

图 6-16　基于雅可比转置的阻抗控制

6.4.1.4　基于动力学模型的阻抗控制

另外一种基于力的阻抗控制将动力学模型用到控制中，可以在不考虑建模误差的条件下精确地实现期望阻抗方程。由于控制的目标仍然是力，故也属于基于力的阻抗控制的范畴。

从阻抗方程中解出加速度 $\ddot{\boldsymbol{x}}$ 得

$$\ddot{\boldsymbol{x}} = \ddot{\boldsymbol{x}}_c - \boldsymbol{M}_d^{-1}[\boldsymbol{B}_d(\dot{\boldsymbol{x}} - \dot{\boldsymbol{x}}_c) - \boldsymbol{K}_d(\boldsymbol{x} - \boldsymbol{x}_c) + \boldsymbol{F}_d - \boldsymbol{F}_e] \tag{6-33}$$

考虑到任务空间受约束力的机械臂动力学模型为

$$\overline{\boldsymbol{H}}(\boldsymbol{q})\ddot{\boldsymbol{x}} + \overline{\boldsymbol{C}}(\boldsymbol{q}, \dot{\boldsymbol{q}})\dot{\boldsymbol{x}} + \overline{\boldsymbol{G}}(\boldsymbol{q}) = \boldsymbol{J}^{-\mathrm{T}}\boldsymbol{\tau} - \boldsymbol{F}_e \tag{6-34}$$

其中

$$\overline{H} = J^{-\mathrm{T}} H J^{-1}, \overline{C} = J^{-\mathrm{T}} C J^{-1} + J^{-1} H \frac{\mathrm{d}}{\mathrm{d}t}(J^{-1}), \overline{G} = J^{-\mathrm{T}} G \qquad (6-35)$$

则利用反馈线性化理论可以得到控制律为

$$\tau = J^{\mathrm{T}}(\overline{H} u + \overline{C} \dot{x} + \overline{G} + F_e) \qquad (6-36)$$

$$u = \ddot{x}_c - M_d^{-1}[B_d(\dot{x} - \dot{x}_c) - K_d(x - x_c) + F_d - F_e] \qquad (6-37)$$

基于动力学模型的阻抗控制精确地实现了期望阻抗方程（见图 6-17），并且不用测量加速度量，是理论上最通用的标准方法，然而实现起来较复杂。

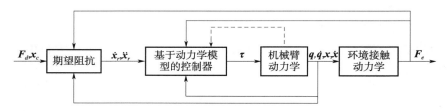

图 6-17　基于动力学模型的阻抗控制

对于上述基于动力学模型的控制，如果令期望的惯性矩阵等于机械臂固有的无源惯性阵，即 $M_d = \overline{H}$，则控制律变为

$$\tau = J^{\mathrm{T}}[\overline{H} \ddot{x}_c - B_d(\dot{x} - \dot{x}_c) - K_d(x - x_c) + \overline{C}\dot{x} + \overline{G} + F_r] \qquad (6-38)$$

可以看出式（6-36）中的接触力被消除了，可以省去力传感器，并且上式就是基于雅可比转置的阻抗控制加入动力学前馈的结果。这种阻抗控制方程在工程中最为实用。

对于式（6-36）、式（6-37）表达的阻抗控制方程，如果将式（6-35）代入，将任务空间的惯性阵、科氏离心力阵、重力项转化回关节空间，则控制律变为

$$\tau = H J^{-1} u + C\dot{q} + G + J^{\mathrm{T}} F_e + H J^{-1} \dot{J} \dot{q} \qquad (6-39)$$

$$u = \ddot{x}_c - M_d^{-1}[B_d(\dot{x} - \dot{x}_c) - K_d(x - x_c) + F_d - F_e] \qquad (6-40)$$

这样，可以简化计算。

6.4.2　阻抗控制仿真

6.4.2.1　无外力时直线运动仿真

为说明阻抗控制的特点和进行参数分析，以空间机械臂辅助舱段对接任务为例，采用基于动力学模型的方法对阻抗控制的方法进行仿真。

将质量阵、刚度阵与阻尼阵都设为等值对角矩阵，空间机械臂在自由空间沿 x_e 向直线运行 500 mm，机械臂 x_e 向的速度缓慢增加并稳定在 0.05 m/s（见图 6-18），超调量为 20%，稳定时间为 1.3 s，其他两个方向略有振动，最大速度幅值为 0.000 6 m/s，可以忽略。

仿真表明，刚度阵的值设计得越大，机械臂对期望轨迹的反应越迅速，由此带来的系统运动产生的振动也越大；阻尼阵的值设计得越大，机械臂运动速度的滞后越明显，但是

有助于系统较快地稳定。一般来说，将阻抗参数设计为过阻尼的状态较为理想，即 $b_{ii} > 2\sqrt{h_{ii}k_{ii}}$ ，其中 k_{ii} , b_{ii} , h_{ii} 是 $\boldsymbol{K}_d$, $\boldsymbol{B}_d$, $\boldsymbol{H}$ 矩阵对角线上的元素。

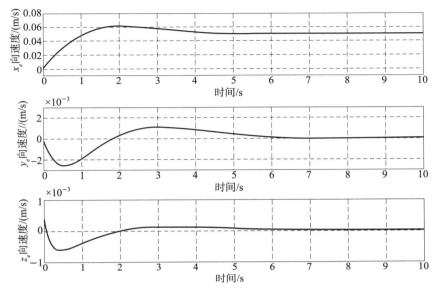

图 6-18　末端速度随时间变化曲线

x_e 向的位移也只是在初期有些滞后，最大位置误差为 22 mm（见图 6-19 和图 6-20），y_e 向与 z_e 向的最大位置误差为 3 mm，显然，空间机械臂基本按照期望轨迹运行，运动误差较小，可以忽略。

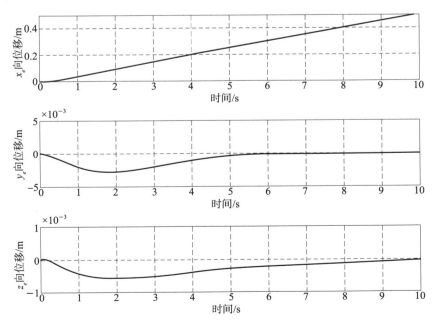

图 6-19　末端位置随时间变化曲线

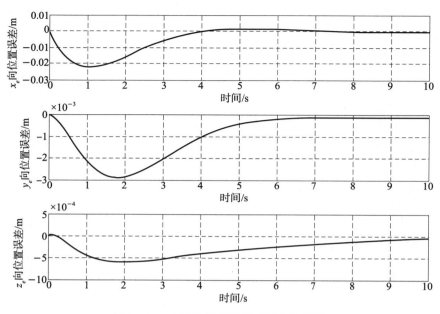

图 6-20　末端位置误差随时间变化曲线

　　跟末端位置曲线一样，末端姿态曲线也是在运动初期产生了一些振动，最大姿态误差约 0.001 2 rad（0.068 8°）（见图 6-21～图 6-23），在运动末期，姿态误差基本为零，空间机械臂的姿态轨迹也与期望轨迹十分一致。

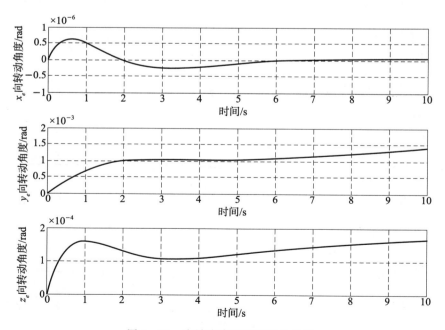

图 6-21　末端姿态随时间变化曲线

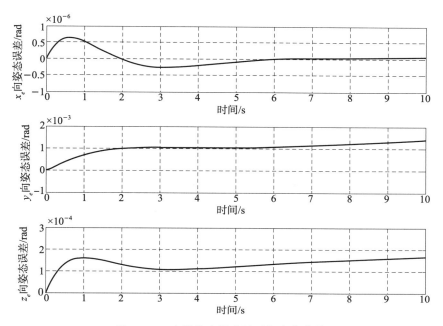

图 6-22　末端姿态误差随时间变化曲线

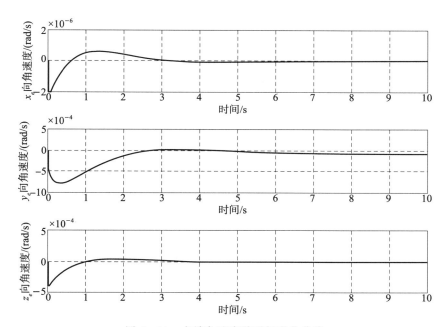

图 6-23　末端角速度随时间变化曲线

由图 6-24 可知，目标解析点期望力只在运动初期使机械臂达到期望运动速度时有数值，后面的末端期望力基本为 0，按照图 6-17 所示的控制策略，机械臂按照预定的轨迹运行。

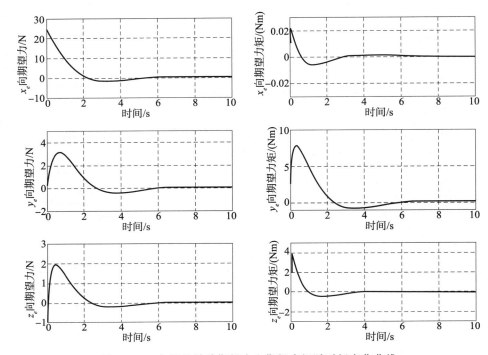

图 6-24　空间机械臂期望力和期望力矩随时间变化曲线

6.4.2.2　有外力干扰时直线运动仿真

为了模拟空间机械臂辅助舱段对接的工况，在空间机械臂系统目标解析点处 x_e 向加 100 N 的恒力用以模拟主动舱对接所需的对接力，y_e 向加 5 N 的恒力用来模拟非对接方向的碰撞力。此时，为了抵抗 x_e 向的阻力，需要大幅提高 x_e 向的刚度值，其他刚度值不变。

由图 6-25 可知，空间机械臂在自由空间沿 x_e 向直线运行 500 mm，机械臂 x_e 向的速度缓慢增加并稳定在 0.05 m/s，其他两个方向略有振动，y_e 向速度为 1.2 mm/s，可以忽略。

x_e 向的位移也只是在初期有些滞后，最大位置误差为 5 mm（见图 6-26 和图 6-27），y_e 向与 z_e 向的最大位置误差为 4.5 mm，显然，空间机械臂基本按照期望轨迹运行，运动误差较小，可以忽略。

有外力情况下，末端姿态曲线的误差较无外力情况下略大，最大姿态误差约 0.012 rad（0.688°）（见图 6-28~图 6-30），空间机械臂的姿态轨迹也与期望轨迹基本一致。

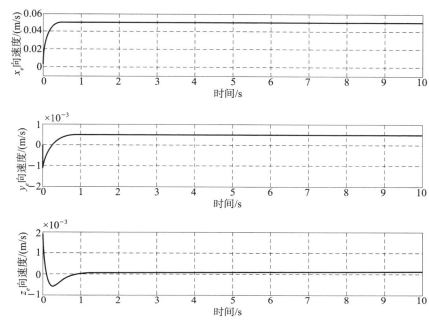

图 6 - 25　末端速度随时间变化曲线

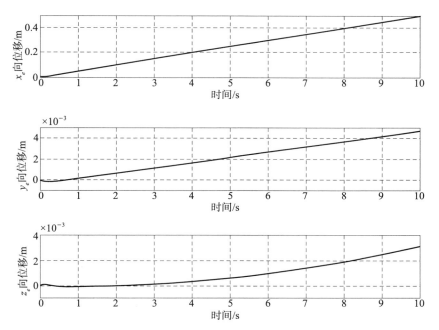

图 6 - 26　末端位置随时间变化曲线

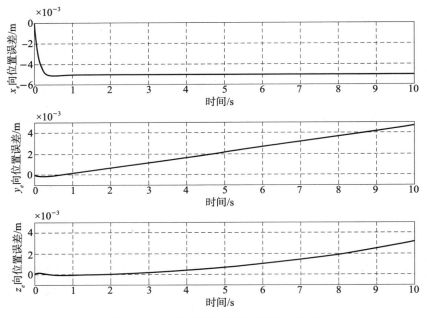

图 6-27　末端位置误差随时间变化曲线

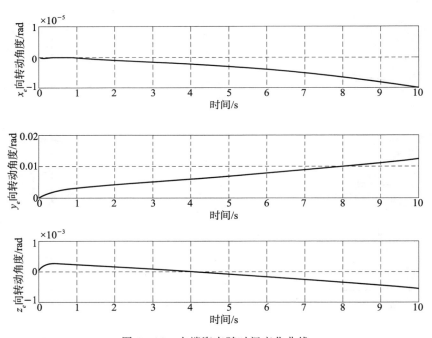

图 6-28　末端姿态随时间变化曲线

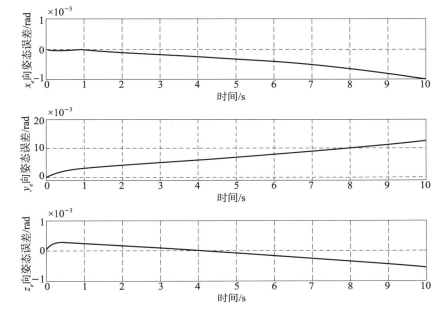

图 6 - 29　末端姿态误差随时间变化曲线

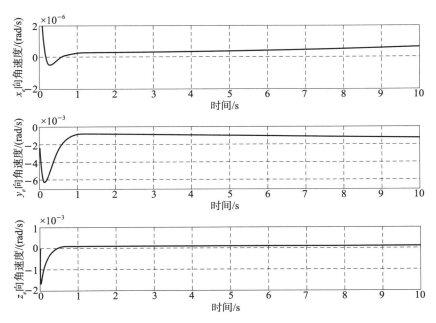

图 6 - 30　末端角速度随时间变化曲线

与无外力情况下不同，为了平衡外力的作用，空间机械臂在稳定运行时的期望力与外力刚好平衡（见图 6-31）。按照图 6-17 所示的控制策略能够使机械臂在有外力干扰的情况下按照预定的轨迹运行。

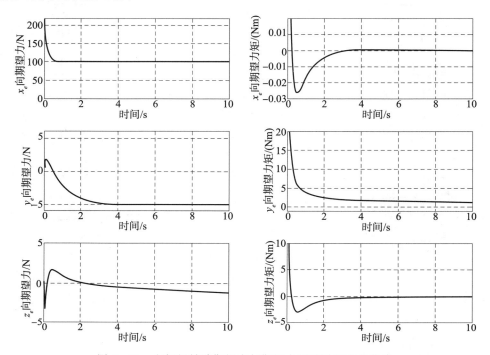

图 6-31　空间机械臂期望力与期望力矩随时间变化曲线

6.4.2.3　有外力干扰时随动运动仿真

由于空间测量条件的限制，希望空间机械臂仅需在对接方向能克服外力按照期望轨迹前进，同时为了避免捕获环卡死等现象出现，需要空间机械臂在其他方向上表现得更加柔顺，具备随着外力而动的特性。

仿真初始条件仍为 x_e 向有 100 N 力用来模拟对接时所需要的对接力，y_e 向上有 5 N 力用来模拟对接时的干扰力。此时，让空间机械臂表现出随动的效果，仅需要大幅提高 x_e 向的刚度值，其他刚度值设为 0。

此时空间机械臂 x_e 向的运动与 6.4.2.2 节中基本一致（见图 6-32），然而，y_e 向的随动速度稳定在 0.01 m/s，z_e 向的随动速度则可忽略，运动误差达 84 mm（见图 6-33、图 6-34），显然空间机械臂表现出了在外力作用下随动的效果。

末端姿态曲线在运动初期产生了较大振动，最大姿态误差约 0.012rad（见图 6-35～图 6-37）。空间机械臂的姿态轨迹也与期望轨迹比较一致。

与无外力情况下不同，为了平衡外力的作用，空间机械臂在稳定运行时的期望力与外力刚好平衡（见图 6-38）。按照图 6-17 所示的控制策略，机械臂在有外力干扰的情况下能表现出随动特性。

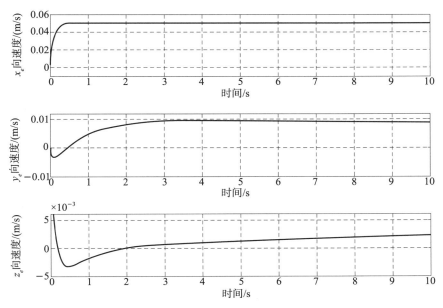

图 6-32　末端速度随时间变化曲线

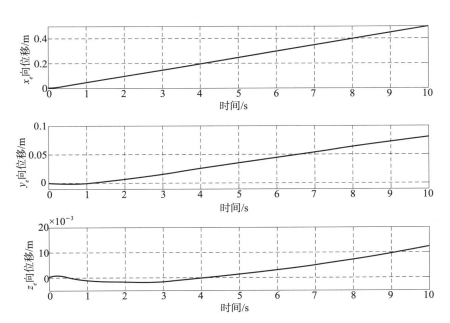

图 6-33　末端位置随时间变化曲线

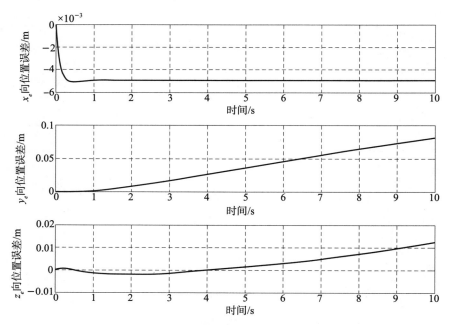

图 6-34　末端位置误差随时间变化曲线

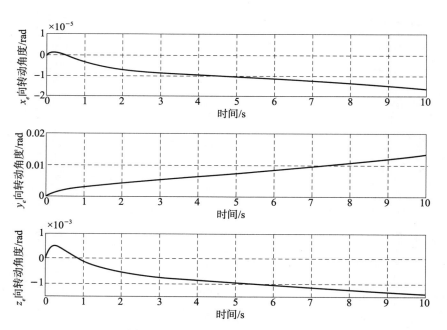

图 6-35　末端姿态随时间变化曲线

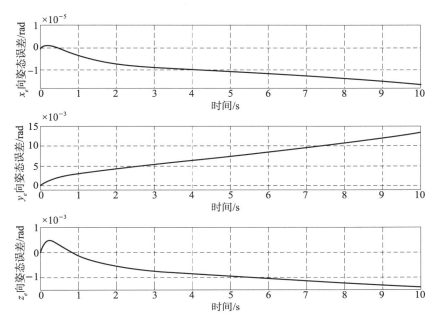

图 6-36　末端姿态误差随时间变化曲线

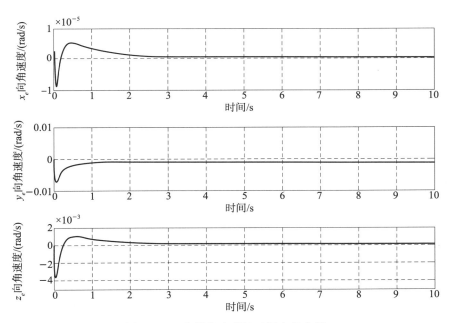

图 6-37　末端角速度随时间变化曲线

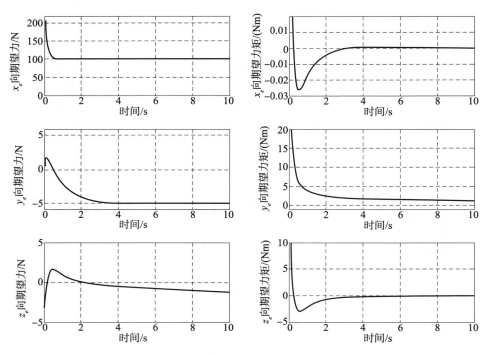

图 6-38 空间机械臂期望力及期望力矩随时间变化曲线

6.4.2.4 阻抗控制参数调整分析

目前还没有一个准确定量的原则来确定空间机械臂系统阻抗控制参数，以下是根据仿真过程总结的一些调整原则。

1）刚度阵的值设计得越大，机械臂对期望轨迹的反应越迅速，由此带来的系统运动产生的振动也越大，阻尼阵的值设计得越大，机械臂运动速度的滞后越明显，但是有助于系统较快地稳定。一般来说，将阻抗参数设计为过阻尼的状态较为理想，即 $b_{dii} > 2\sqrt{h_{dii}k_{dii}}(i = 1，\cdots，6)$。

2）k_{d11}、b_{d11} 和 h_{d11} 分别表征空间机械臂系统保持目标解析点 x_e 向位置、速度和加速度的能力。同样，k_{d22}、b_{d22} 和 h_{d22} 分别表征空间机械臂系统保持目标解析点 y_e 向位置、速度和加速度的能力；k_{d33}、b_{d33} 和 h_{d33} 分别表征空间机械臂系统保持目标解析点 z_e 向位置、速度和加速度的能力；k_{d44}、b_{d44} 和 h_{d44} 分别表征空间机械臂系统保持目标解析点 x_e 向角度、角速度和角加速度的能力；k_{d55}、b_{d55} 和 h_{d55} 分别表征空间机械臂系统保持目标解析点 y_e 向角度、角速度和角加速度的能力；k_{d66}、b_{d66} 和 h_{d66} 分别表征空间机械臂系统保持目标解析点 z_e 向角度、角速度和角加速度的能力。根据空间机械臂系统的轨迹及受力情况来设计 k_{dii}、b_{dii} 和 h_{dii} 值即可让空间机械臂系统表现出期望的特性（走直线或者随动）。

第7章 空间机械臂动力学与控制仿真实例

7.1 空间机械臂仿真模型验证

7.1.1 空间机械臂仿真模型验证流程与准则

空间机械臂仿真模型的验证流程如图 7-1 所示。

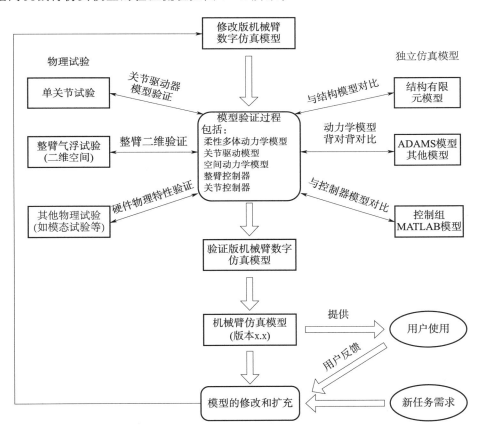

图 7-1 仿真模型的验证流程

模型的验证标准是一个体系化的工程，而不仅指一些具体指标的考核标准。在空间机械臂仿真方面，目前国内外都没有统一的模型验证标准，加拿大在其两代空间机械臂的研制过程中，制定了用于模型质量控制的内部标准，但没有对外公布。

模型验证标准与仿真工作的目标直接相关，模型的复杂度及其所能够预示的结论由仿真的目标决定，验证模型是否满足要求的基本标准是能否达到仿真的目标。

机械臂系统仿真的目标是：

1）在产品研制阶段，通过建立仿真模型，支持产品的任务分析和设计分析，完成产品交付前的功能和性能预示；

2）在产品应用阶段，通过模型标定和验证，建立能够反映产品实际工作状态的仿真模型，支持完成基于仿真的任务验证。

基于上述目标，机械臂系统仿真模型的总体验证标准是：

在任务层面，模型与实际在轨性能一致，根据模型得到的任务结论与实际操作的结论一致，模型结论能够支持识别机械臂操作可能的困难和风险。

在产品层面，以某空间机械臂为例，相对于机械臂基座坐标系，机械臂末端解析点位置、速度、角度、角速度的仿真结果与试验数据误差验证标准如表 7-1 所示。

表 7-1　某空间机械臂模型验证标准

序号	类型	最大误差值
1	末端解析点稳态位置	10 mm
2	末端解析点稳态角度	0.2°
3	末端解析点瞬态线速度	0.06 m/s
4	末端解析点瞬态角速度	0.5(°)/s

7.1.2　某空间机械臂整臂仿真模型验证

（1）试验平台及工装说明

机械臂通过零重力气浮装置支撑的气浮台，进行空载试验、视觉伺服试验、末端位姿试验时，末端执行器 1 抓取低支架车上的目标适配器，末端执行器 2 空载或抓取安装于模拟负载上的目标适配器；进行负载试验、刚度测试和末端力测试时，末端执行器 2 抓取高支架车上的目标适配器，末端执行器 1 抓取安装于模拟负载上的目标适配器，机械臂按试验规划的路径要求完成拖动运动。试验现场布置如图 7-2 所示。

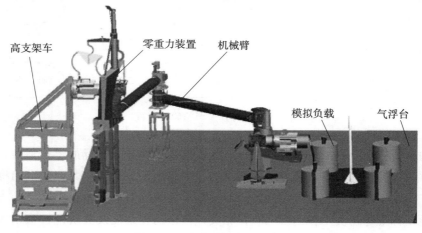

图 7-2　试验现场布置示意图

为了完整验证机械臂模型，在原模型基础上加入了工装模型，如图 7 - 3 所示。

图 7 - 3　带工装的仿真模型示意图

具体工装质量惯量可通过对工装三维模型测量得到。气足与气浮台摩擦系数为气浮摩擦系数，按照 $\mu = 0.05\%$ 进行计算，产生的气浮摩擦力等于正压力与气浮摩擦系数的乘积，即 $f = \mu \cdot F_N$。

（2）在轨舱外爬行任务验证

根据前期搭建的机械臂仿真模型和控制程序，对处理后的规划数据进行仿真，机械臂初始构型下关节 1 到关节 7 角度为（−180°，90°，89.986 9°，−90.294°，−93.007 7°，−90°，0°），根据试验遥测的规划路径输入仿真程序进行仿真。提取仿真结果的关节角度和角速度对规划数据、试验数据和仿真数据进行对比，从对比结果来看仿真数据和规划数据趋势一致，试验数据和仿真数据对比如图 7 - 4～图 7 - 9 所示。

①关节 3 角速度的规划数据和试验及仿真结果对比

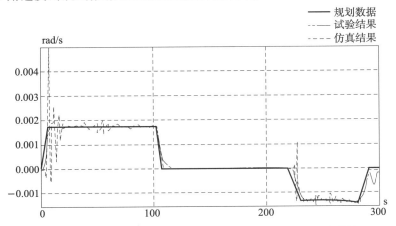

图 7 - 4　爬行工况关节 3 角速度仿真和试验结果对比（见彩插）

②关节 4 角速度的规划数据和试验及仿真结果对比

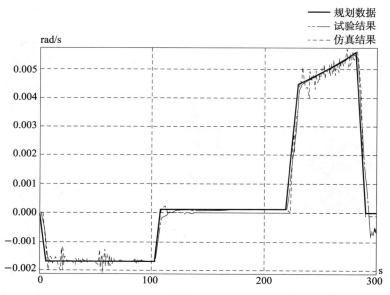

图 7-5　爬行工况关节 4 角速度仿真和试验结果对比（见彩插）

③关节 5 角速度的规划数据和试验及仿真结果对比

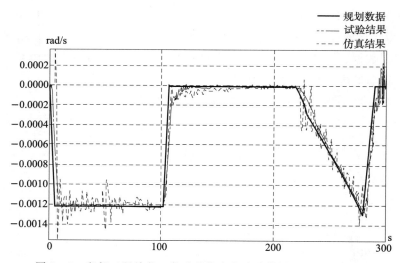

图 7-6　爬行工况关节 5 角速度仿真和试验结果对比（见彩插）

④关节 3 角度的规划数据和试验及仿真结果对比

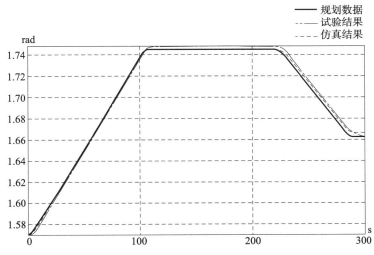

图 7 - 7　爬行工况关节 3 角度仿真和试验结果对比（见彩插）

⑤关节 4 角度的规划数据和试验及仿真结果对比

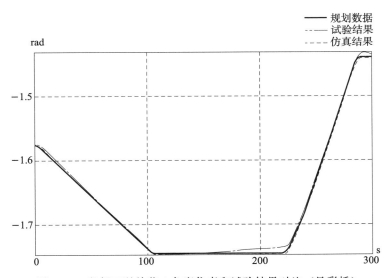

图 7 - 8　爬行工况关节 4 角度仿真和试验结果对比（见彩插）

⑥关节 5 角度的规划数据和试验及仿真结果对比

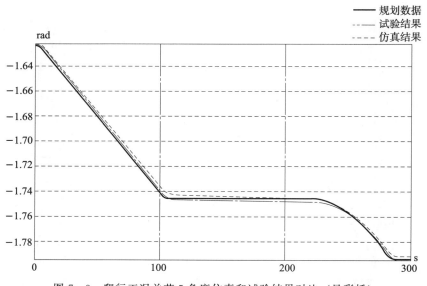

图 7 - 9　爬行工况关节 5 角度仿真和试验结果对比（见彩插）

7.2　空间机械臂悬停捕获仿真

　　根据机械臂完成悬停捕获任务的时序过程，将任务仿真工作划分为视觉跟踪与末端捕获两个典型关键过程。

　　仿真过程思路如下：首先按照地面物理试验环境搭建数字仿真模型，通过仿真模型的建立验证机械臂控制算法方案的正确性，然后利用地面试验数据修正机械臂仿真模型参数，使模型仿真结果与地面试验结果相吻合，进而在此仿真模型的基础上通过改变机械臂构型以及基座舱体参数开展在轨构型下的目标舱悬停捕获任务仿真。

7.2.1　视觉跟踪仿真

7.2.1.1　仿真建模

　　整臂控制和关节控制模型为 MATLAB/SIMULINK 模型，机械臂动力学模型为 ADAMS 模型。ADAMS 动力学模型中包含了柔性机械臂、固定基座、气浮工装摩擦以及移动模拟舱体模型，可针对不同工况设置移动模拟舱体各向移动速度，并实时输出移动模拟舱体上目标适配器视觉标记相对于机械臂腕部相机坐标系的六维位姿数据。仿真模型架构如图 7 - 10 和图 7 - 11 所示。

7.2.1.2　仿真条件

　　悬停捕获任务中，机械臂位于舱段适配器 B 上，末端 2 为肩部。从肩到腕（关节 7 到关节 1）角度为（0°，−90°，−111.97°，102.27°，99.7°，90°，−180°）。

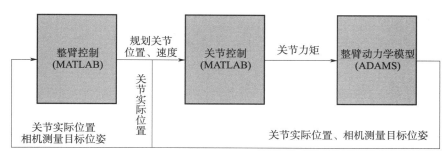

图 7 - 10　仿真模型架构

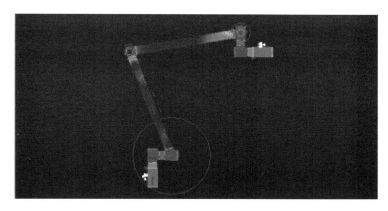

图 7 - 11　ADAMS 模型

仿真步长设置为 1 ms，控制频率设置为 50 ms，相机位置、姿态更新频率设置为 80 ms（即帧频 12.5）。相机与中控的数据传输延时 200 ms，相机位姿测量误差为位置 8 mm、姿态 0.8°。

视觉跟踪到位标识给出的判据为：机械臂末端端面坐标系与目标舱目标适配器端面前 128 mm 处三个方向的位置偏差均小于 0.02 m，欧拉角偏差小于 2°。

7.2.1.3　仿真工况

各工况下仿真结果汇总如表 7 - 2 所示。到位标识给出的判据为：三个方向的位置偏差均小于 0.02 m，欧拉角偏差小于 2°。

表 7 - 2　机械臂地面试验构型仿真工况（基座坐标系）

序号	试验工况			跟踪到位标志时间/s	过中间点后最大超调		
	V_x/(mm/s)	V_z/(mm/s)	W/[(°)/s]		垂直于捕获杆方向/mm	沿捕获杆方向/mm	角度/(°)
1	0	0	0	24	9	8	0.036
2	0	-10	X: -0.05	26	5	5	0.018
3	-25	-25	Y: -0.2	26	7	7	0.066
4	25	25	Y: -0.2	21	6	6	0.114

7.2.1.4　结果及分析

下述曲线图（图 7-12～图 7-17）中，横轴为步数，纵轴为位置（m）/姿态（rad）。

（1）工况 $[Vx, Vz] = [0, 0]$

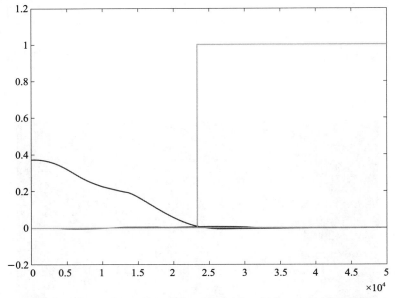

蓝色：X位置；红色：Z位置；紫色：Y方向姿态；绿色：跟踪到位标志曲线

图 7-12　视觉跟踪过程中目标相对末端位姿与跟踪到位标志曲线（见彩插）

（2）工况 $[Vx, Vz] = [0, -10]$，$[Wx] = [-0.05]$

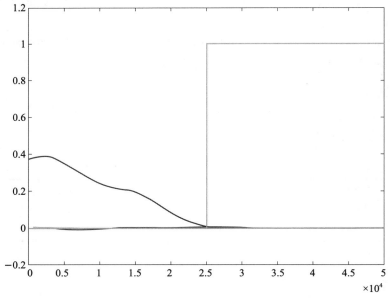

蓝色：X位置；红色：Z位置；紫色：Y方向姿态；绿色：跟踪到位标志曲线

图 7-13　视觉跟踪过程中目标相对末端位姿与跟踪到位标志曲线（见彩插）

（3）工况 $[Vx，Vz] = [-25，-25]$，$[Wy] = [-0.2]$

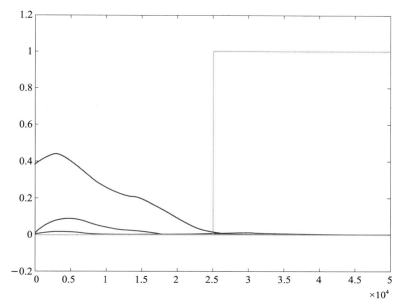

蓝色：X位置；红色：Z位置；紫色：Y方向姿态；绿色：跟踪到位标志曲线

图 7-14　视觉跟踪过程中目标相对末端位姿与跟踪到位标志曲线（见彩插）

（4）工况 $[Vx，Vz] = [25，25]$，$[Wy] = [-0.2]$

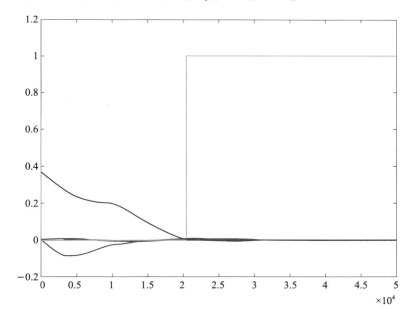

蓝色：X位置；红色：Z位置；紫色：Y方向姿态；绿色：跟踪到位标志曲线

图 7-15　视觉跟踪过程中目标相对末端位姿与跟踪到位标志曲线（见彩插）

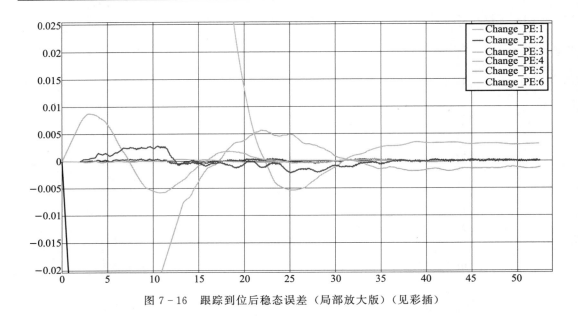

图 7-16　跟踪到位后稳态误差（局部放大版）（见彩插）

（5）工况 $[Vx, Vz] = [25, 25]$，$[Wy] = [-0.2]$，增加相机数据延时和误差

增加相机与机械臂中央控制器的数据传输延时 200 ms 及测量误差（位置 8 mm、姿态 0.8°）后再次进行相同工况的仿真，到位标识给出的判据为：三个方向的位置偏差均小于 0.02 m，欧拉角偏差小于 2°。结果如图 7-17 所示。给出初始到位标识时机基本相同（稍提前一些），到位标识不稳定。

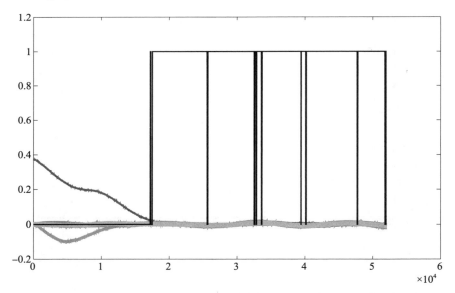

图 7-17　视觉跟踪过程中目标相对末端位姿与跟踪到位标志曲线（见彩插）

由上述跟踪捕获过程仿真过程可知，机械臂对于动目标的视觉伺服跟踪算法方案是正确可行的。

7.2.1.5　悬停捕获试验验证

上述工况的仿真过程验证了机械臂视觉跟踪算法仿真模型的正确性，结合地面试验验证数据对机械臂控制仿真模型进行修正。修正后的视觉跟踪仿真数据与地面试验进行对比，运动趋势与数值基本保持一致，如图 7－18 所示。由仿真对比可知，仿真结果与地面试验情况基本一致，进一步证明了该仿真模型的正确性，可用于后续在轨构型下的悬停捕获任务仿真。

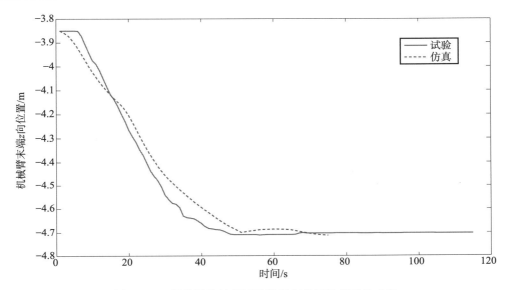

图 7－18　视觉跟踪过程试验数据与仿真数据对比曲线

7.2.2　末端捕获仿真

7.2.2.1　仿真建模

机械臂悬停捕获任务应用末端执行器接触碰撞模块与机械臂柔性多体动力学模型进行联合动力学仿真。

图 7－19 为联合仿真示意图。联合仿真的运行环境为 MATLAB/Simulink，其界面如图 7－20 所示。

在悬停捕获任务中，机械臂基座处于漂浮状态，各关节处于不受控制的自由随动状态。机械臂模型的初始构型角度为：（－1.019 1°，91.252 1°，21.584 9°，－46.309 0°，23.995 1°，124.741 4°，－1.239 9°）。钢丝绳捕获时间为 2 s。

悬停捕获工况中被抓捕目标舱的质量特性包络条件为：

1）整舱重量不大于 20 t；

2）目标舱质心位置（本体质心坐标系）在各方向的偏差为：在 X 轴方向不大于 30 mm，在 Y 轴方向不大于 20 mm，在 Z 轴方向不大于 20 mm。

目标舱太阳翼垂直归零时的质量特性如表 7－3 所示。

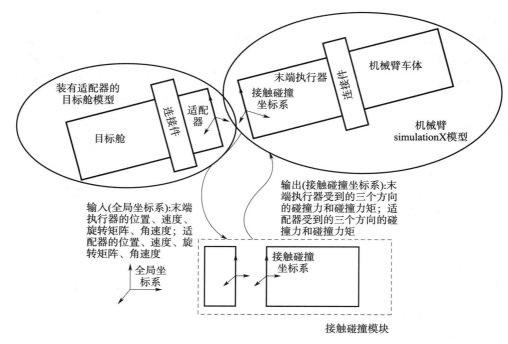

图 7 - 19　联合仿真示意图

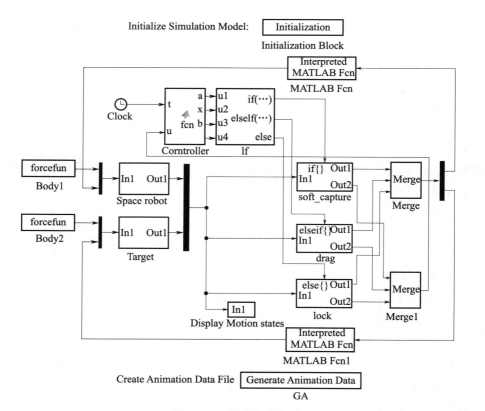

图 7 - 20　联合仿真界面

表 7 - 3　目标舱太阳翼垂直归零时的质量特性

项目			计算结果			备注
推进剂空载状态	质量/kg	M	18 000			质心位置为相对于本体几何坐标系
	质心位置/mm	X	4 000			
		Y	20			
		Z	0			
	过质心转动惯量/(kg·mm²)	I_{xx}　I_{xy}　I_{xz}	4.70e10	−1.57e9	3.89e8	
		I_{yx}　I_{yy}　I_{yz}	−1.57e9	1.12e11	1.12e7	
		I_{zx}　I_{zy}　I_{zz}	3.89e8	1.12e7	9.47e10	
推进剂满载状态	质量/kg	M	20 000			质心位置为相对于本体几何坐标系
	质心位置/mm	X	3 800			
		Y	20			
		Z	0			
	过质心转动惯量/(kg·mm²)	I_{xx}　I_{xy}　I_{xz}	4.70e10	−1.19e9	4.76e8	
		I_{yx}　I_{yy}　I_{yz}	−1.19e9	1.18e11	−5.99e6	
		I_{zx}　I_{zy}　I_{zz}	4.76e8	−5.99e6	1.00e11	

7.2.2.2　仿真工况

对末端执行器与目标适配器在不同初始相对速度下的捕获过程进行仿真分析。此捕获容差为在末端坐标系（FEE）相对目标适配器捕获坐标系（Ft）的相对偏差 $\Delta X = 150$ mm，$\Delta Y = 0$ mm，$\Delta Z = 0$ mm，三个方向的角度偏差均为 0 的基础上的容差。具体工况如表 7 - 4 所示。仿真过程截图如图 7 - 21 所示。

表 7 - 4　不同初始相对速度下的捕获仿真工况及结果

仿真工况	捕获容差（mm, mm, mm, °, °, °）	初始相对位姿（mm/s, mm/s, mm/s, (°)/s, (°)/s, (°)/s）	仿真结果
1	40 40 40 4 4 4	50 40 60 0.4 0.4 0.4	成功
2	40 40 40 4 4 4	56 40 60 0.4 0.4 0.4	成功
3	40 40 40 4 4 4	60 40 60 0.4 0.4 0.4	失败
4	100 100 100 4 4 4	60 40 60 0.4 0.4 0.4	失败
5	100 −100 100 −4 4 −4	60 40 60 0.4 0.4 0.4	失败
6	100 −100 100 −4 −4 −4	60 40 60 0.4 0.4 0.4	失败
7	50 100 100 4 4 4	60 40 60 0.4 0.4 0.4	失败
8	50 −100 100 −4 4 −4	60 40 60 0.4 0.4 0.4	失败
9	50 −100 100 −4 −4 −4	60 40 60 0.4 0.4 0.4	失败

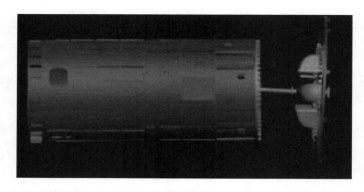

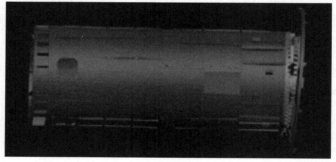

图 7 - 21　仿真过程截图

7.2.2.3　结果分析

（1）仿真工况 1

图 7 - 22 为工况 1 的仿真结果，依次为：1）末端执行器受碰撞力曲线；2）末端执行器所受拖动力曲线；3）末端执行器所受合力曲线；4）末端执行器位移曲线；5）目标适配器位移曲线；6）末端执行器与目标适配器的相对位移曲线；7）末端执行器速度曲线；8）目标适配器速度曲线；9）末端执行器与目标适配器的相对速度曲线；10）机械臂 7 个关节角度曲线；11）机械臂 7 个关节角速度曲线。

捕获动力学仿真结果表明，初始相对速度 50 mm/s、40 mm/s、60 mm/s、0.4 (°) /s、0.4 (°) /s、0.4 (°) /s 时，机械臂可以完成目标舱悬停捕获任务。

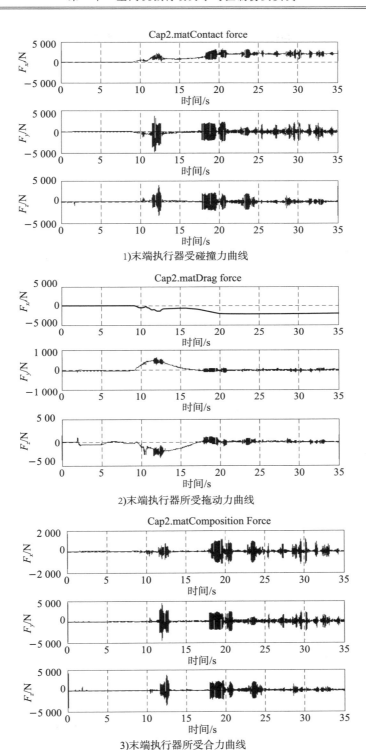

1)末端执行器受碰撞力曲线

2)末端执行器所受拖动力曲线

3)末端执行器所受合力曲线

图 7 - 22　工况 1 仿真结果

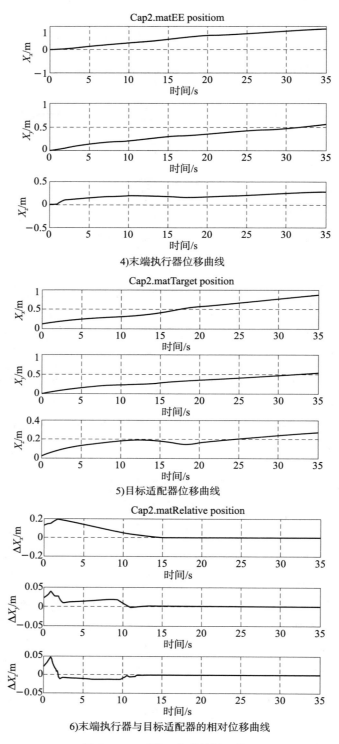

4)末端执行器位移曲线

5)目标适配器位移曲线

6)末端执行器与目标适配器的相对位移曲线

图 7 - 22 工况 1 仿真结果（续）

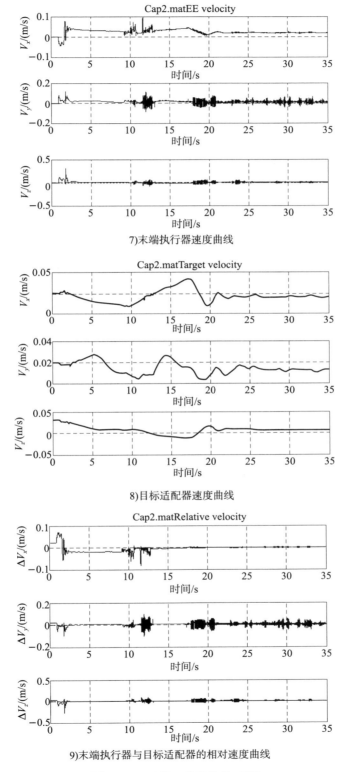

7)末端执行器速度曲线

8)目标适配器速度曲线

9)末端执行器与目标适配器的相对速度曲线

图 7 - 22　工况 1 仿真结果（续）

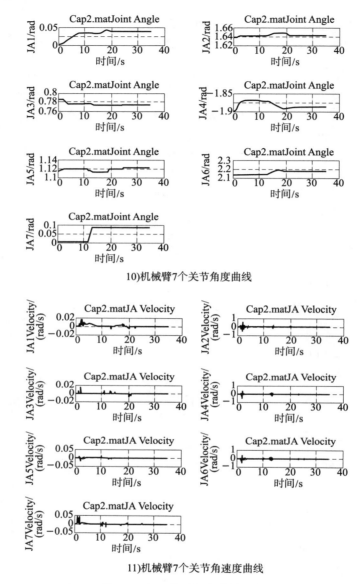

10)机械臂7个关节角度曲线

11)机械臂7个关节角速度曲线

图 7-22　工况 1 仿真结果 （续）

（2）仿真工况 2

图 7-23 为工况 2 的仿真结果，依次为：1）末端执行器受碰撞力曲线；2）末端执行器所受合力曲线；3）末端执行器与目标适配器的相对位移曲线；4）末端执行器与目标适配器的相对速度曲线；5）机械臂 7 个关节角度曲线；6）机械臂 7 个关节角速度曲线。

捕获动力学仿真结果表明，初始相对速度 56 mm/s、40 mm/s、60 mm/s、0.4（°）/s、0.4（°）/s、0.4（°）/s 时，机械臂可以完成目标舱悬停捕获任务。

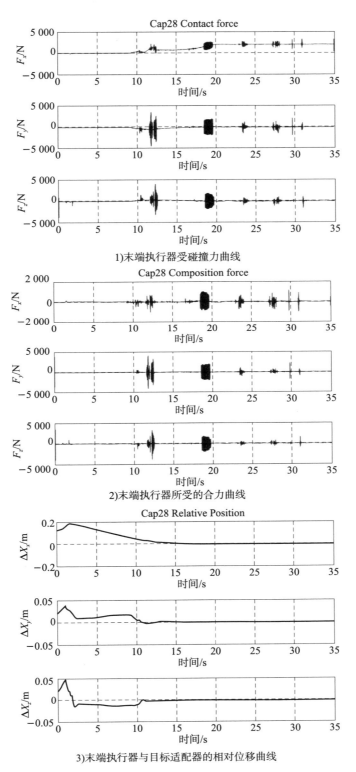

1)末端执行器受碰撞力曲线

2)末端执行器所受的合力曲线

3)末端执行器与目标适配器的相对位移曲线

图 7-23　工况 2 仿真结果

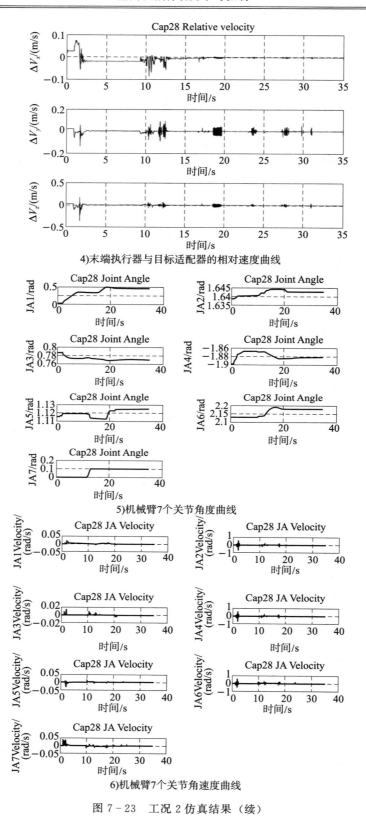

4)末端执行器与目标适配器的相对速度曲线

5)机械臂7个关节角度曲线

6)机械臂7个关节角速度曲线

图 7 - 23　工况 2 仿真结果（续）

（3）仿真工况 3

图 7-24 为工况 3 的仿真结果，依次为：1）末端执行器受碰撞力曲线；2）末端执行器所受合力曲线；3）末端执行器与目标适配器的相对位移曲线；4）末端执行器与目标适配器的相对速度曲线；5）机械臂 7 个关节角度曲线；6）机械臂 7 个关节角速度曲线。捕获动力学仿真结果表明，初始相对速度 60 mm/s、40 mm/s、60 mm/s、0.4（°）/s、0.4（°）/s、0.4（°）/s 时，由末端执行器与目标适配器的相对位移曲线可知，1.2 s 后执行器与适配器位置越来越远，机械臂捕获悬停目标舱任务不成功。

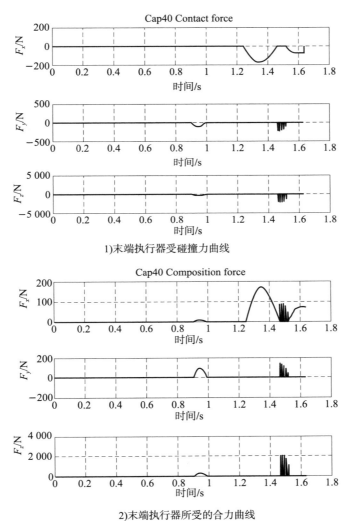

1）末端执行器受碰撞力曲线

2）末端执行器所受的合力曲线

图 7-24　工况 3 仿真结果

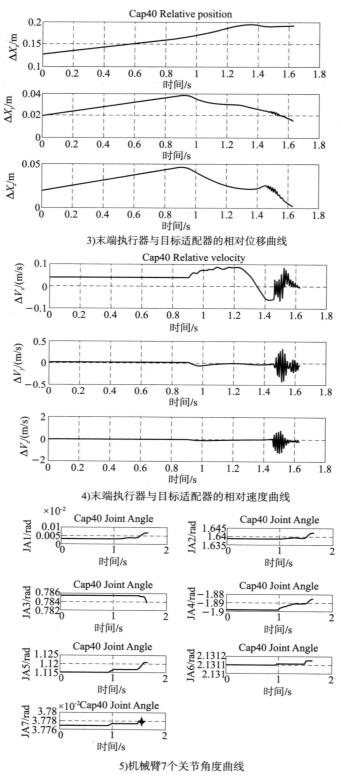

3)末端执行器与目标适配器的相对位移曲线

4)末端执行器与目标适配器的相对速度曲线

5)机械臂7个关节角度曲线

图 7-24 工况 3 仿真结果（续）

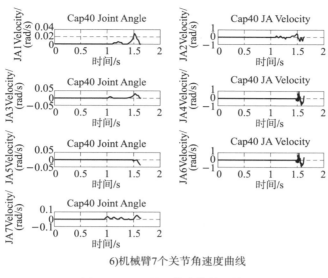

6)机械臂7个关节角速度曲线

图 7 - 24　工况 3 仿真结果（续）

其余工况分析方法相近，这里不一一介绍。

7.3　空间机械臂辅助舱段对接仿真

7.3.1　空间机械臂辅助舱段对接过程描述

空间机械臂抓握对接舱段沿着对接方向（x_e 向）前进，对接机构主动捕获环与被动捕获环在导向瓣的导向作用下相互靠近（见图 7 - 25），捕获锁捕获并锁紧时对接成功。

捕获锁锁舌

图 7 - 25　主动捕获环与被动捕获环对接

机械臂辅助舱段对接时，出于安全考虑，舱段间相对运动速度很低（约为 0.015 m/s），接近于静态过程，因此对接机构导向瓣在相对滑入的过程中，需要机械臂提供动力以克服对接机构间的接触力以及捕获锁的触发力。

7.3.2　空间机械臂辅助舱段对接初始条件

由于测量、控制等的误差不可避免，空间机械臂辅助舱段对接时必然存在着初始误差。这里将主动舱的初始位置、姿态误差取为：沿 y_e 向与 z_e 向各有 100 mm 的位置误差；x_e 向、y_e 向与 z_e 向各 1.2° 的姿态误差，在此典型初始位置、姿态误差情况下进行仿真。主动捕获环与被动捕获环 x_e 向初始距离为 220 mm。

7.3.3　空间机械臂辅助舱段对接控制策略

空间机械臂采用第 6 章的阻抗控制策略，阻抗控制参数的设定参考 6.4.2 节，将 x_e 向刚度系数设为 8 000，阻尼系数设为 2 000，其他方向所有系数均取为 0。空间机械臂抓着主动舱沿 x_e 向以 15 mm/s 的速度前进。

7.3.4　空间机械臂辅助舱段对接仿真与分析

由末端位置、姿态随时间变化的曲线可知（见图 7 - 26 与图 7 - 27），对接机构主动捕获环约在 2 s 时与被动捕获环发生接触，随后 y_e 向、z_e 向的位置误差与 x_e 向、y_e 向、z_e 向的姿态误差开始慢慢被矫正，第 9 s 时，空间机械臂辅助舱段对接成功。在此过程中，空间机械臂克服了 y_e 向与 z_e 向各 100 mm 的位置误差，同时也克服了 x_e 向、y_e 向和 z_e 向各 0.02 rad（1.2°）的姿态误差（见图 7 - 26 与图 7 - 27）。

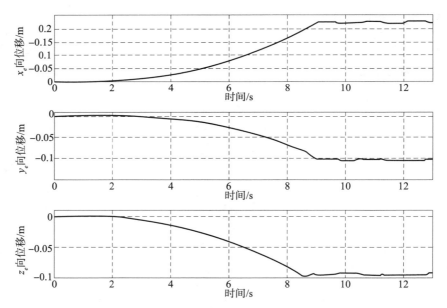

图 7 - 26　主动捕获环位置随时间变化的曲线

由图 7 - 28 可知，空间机械臂辅助舱段对接过程中，各个关节转动的最大角度约 0.14 rad（约 8°）。关节 4 与关节 5 是转角最大的两个关节。对接成功后各关节角度略有变化，这说明对接成功后空间机械臂仍然能较好地保持构型，不会影响空间站的安全。

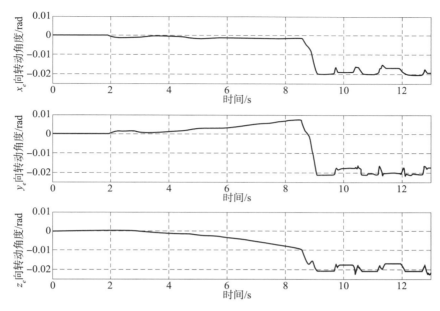

图 7 - 27　主动捕获环姿态随时间变化的曲线

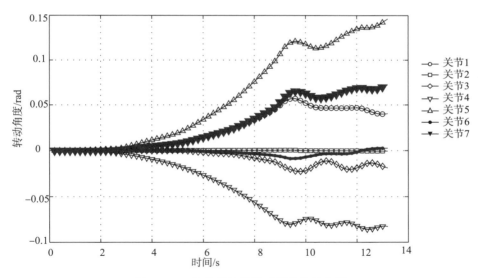

图 7 - 28　各关节转角随时间变化的曲线

　　空间机械臂采用前述阻抗控制方法，只在 x_e 向（对接方向）有控制力，其他方向的力为 0。对比图 7 - 29 与图 7 - 30 可知，前 2.5 s 空间机械臂的控制力主要用于对接舱段的加速；从 2 s 到 5.2 s，对接机构主动捕获环与被动捕获环发生接触，为了克服被动捕获环给主动捕获环的阻力，控制力继续增加，而此时主动捕获环的速度发生较大的振动。第 9 s 对接成功后，控制力立刻下降，主动捕获环仍然有较大的速度波动，此时主动捕获环与被动捕获环发生较大的碰撞，控制力与主动捕获环速度均表现出明显的周期性，周期为 2 s。

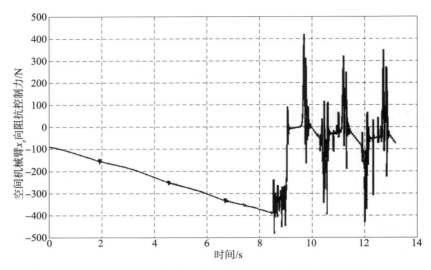

图 7 - 29　空间机械臂 x 向阻抗控制力随时间变化的曲线

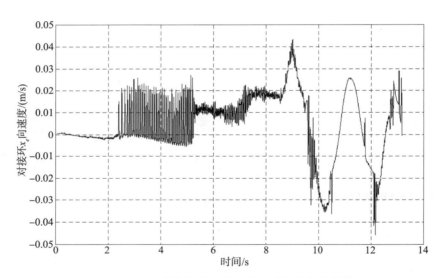

图 7 - 30　主动捕获环 x 向速度随时间变化的曲线

各关节输出力矩如图 7 - 31 所示，关节 1、关节 2、关节 4 与关节 6 输出力矩较大，关节输出力矩的最大值为 1 102 Nm。仿真表明，此最大力矩与空间机械臂沿 x_e 向的规划速度相关。

主动捕获环与被动捕获环之间的碰撞力（见图 7 - 32）也进一步证明了主动捕获环与被动捕获环约从 2 s 开始发生碰撞，第 9 s 对接成功后，碰撞力急剧变大，这是由于主动舱在捕获锁捕获成功后以约 0.015 m/s 的速度与被动舱撞击，主动舱与被动舱质量都比较大，导致碰撞力急剧变大，后续逐渐衰减。主动舱与被动舱的最大碰撞力为 6 590 N。

选取 y_e 向不同的位置误差与姿态误差进行进一步仿真（见表 7 - 5 与表 7 - 6），按照

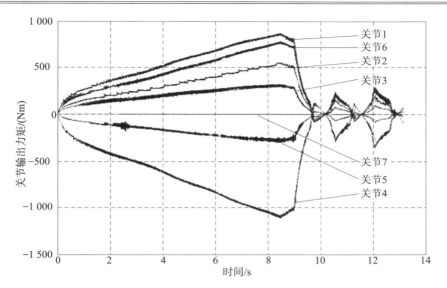

图 7 - 31　各关节输出力矩随时间变化的曲线

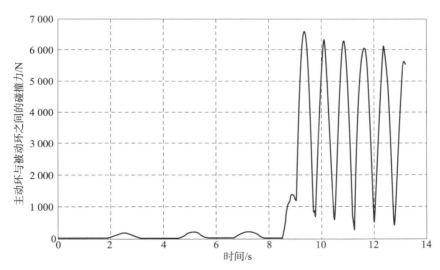

图 7 - 32　主动捕获环与被动捕获环的碰撞力随时间变化的曲线

上文中的控制方法和控制参数，y_e 向最大位置误差达 150 mm，最大姿态误差达 2.5°。最大关节控制力矩约为 1 100 Nm，最大碰撞力约 4 300 N，对接均在 9 s 左右时对接成功。这说明该控制方法能在一定的初始位置偏差下完成任务。

表 7 - 5　垂直于对接舱轴线向不同位置偏差的对接情况

位置误差/mm	关节最大输出力矩/(N·m)				最大碰撞力/N	捕获时间/s
	关节 1	关节 2	关节 4	关节 6		
0	906	496	1 094	749	4 214	8.75
30	857	483	1 024	709	2 500	9.19

续表

位置误差/mm	关节最大输出力矩/(N·m)				最大碰撞力/N	捕获时间/s
	关节1	关节2	关节4	关节6		
50	816	464	976	677	2 200	9.28
70	778	442	924	640	4 440	9.13
100	739	455	928	645	3 616	9.12
150	749	454	930	645	2 136	8.77

表 7 - 6 垂直于对接舱轴线向不同姿态偏差的对接情况

姿态/(°)	关节最大输出力矩/(N·m)				最大碰撞力/N	捕获时间/s
	关节1	关节2	关节4	关节6		
0	906	496	1 094	749	4 214	8.75
0.3	905	498	1 088	747	4 236	8.82
0.5	906	499	1 083	745	4 185	8.83
0.8	900	502	1 077	741	3 906	8.83
1	898	499	1 070	740	3 879	8.83
1.2	893	500	1 068	739	3 928	8.82
1.5	891	497	1 062	736	4 021	8.83
1.8	888	495	1 059	734	4 160	8.59
2	890	500	1 055	733	4 321	8.86
2.5	881	497	1 042	730	4 787	8.79

第8章 空间机械臂技术发展展望

2035 年之前我国航天任务将迅速增加，随着技术研究与工程实践的不断深入，尤其是载人登月、火星取样返回、在轨服务、月球探测与科研站建设等重大工程任务的逐步实施，对空间机器人的需求将呈现爆发性增长态势。

8.1 空间机械臂在未来在轨任务中的应用展望与挑战

对于未来在轨构建与服务类任务，空间机械臂将作为主要实施手段，完成空间高价值设施的在轨维修、大型复杂空间设施在轨建设等任务。大尺度、高精度结构（如大口径光学系统和大型桁架结构等，见图 8－1 和图 8－2）对机械臂的定位、操作精度、操作接触力和装配过程的柔顺性提出了非常高的要求。而空间机械臂在空间环境下执行精密装配任务时受变光照条件、柔性结构振动等诸多不利因素影响。因此，需要突破空间机械臂多传感器融合感知测量技术、多机器人协同柔顺控制技术、非合作目标自适应灵巧操作技术等一系列关键技术。此外，空间机械臂也是完成日益增多的空间碎片清理任务的重要手段，而空间碎片的非确知、不规则性以及高速相对运动，难以实现可靠安全抓捕和控制。因此，需要突破空间机械臂非合作目标高精度感知与状态识别技术、非合作目标自适应可消旋抓捕技术、变刚度捕获与防逃逸技术等一系列关键技术。

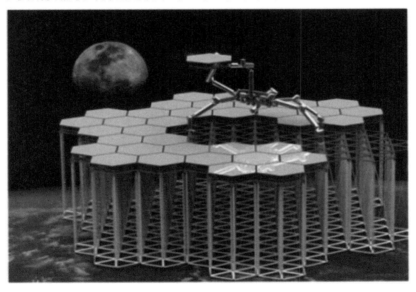

图 8－1 空间光学设备在轨组装

图 8-2　空间船坞在轨建设

2022 年我国空间站已完成组装建造,在空间站长期运营过程中,需要空间机械臂代替航天员完成繁重的重复性工作及危险性操控任务,协助航天员完成在轨科学试验等高难度、高价值任务。空间站任务种类多样,如《空间站运营实施方案》已经初步策划了 38 类在轨试验;空间机械臂工作环境多样,如舱内和舱外工作环境差异大、舱外的照明和活动范围受限、温度环境更为苛刻等;此外,空间站任务安全等级要求高,航天员的安全等级大于一切,人机协同必须确保航天员"绝对"安全。因此,需要空间机械臂具备多源信息精确感知与实时人机交互、高精度力控制与柔顺控制以及较高的智能化水平,以支撑多任务适应性和高安全作业能力。

8.2　空间机械臂在未来月球与深空探测任务中的应用展望与挑战

2019 年 2 月 20 日,习近平总书记在北京人民大会堂会见探月工程嫦娥四号任务参研参试人员代表时,发表重要讲话:"党中央决策实施探月工程,圆的就是中华民族自强不息的飞天揽月之梦。""月球探测的每一个大胆设想,每一次成功实施,都是人类认识和利用星球能力的充分展示。"在我国既定的"绕、落、回"探月工程任务完成之际,为了更加深入地开展月球科学研究、勘查并有效利用月球资源,实现月球探测工程的可持续发展,国家已经启动无人月球科研站的立项论证工作,拟在世界上首次实施无人月球科研站建设重大工程任务。2019 年 1 月,我国"嫦娥四号"成功实现了人类探测器在月球背面的首次软着陆,揭开了我国"探月工程四期"——无人月球科研站的建设序幕。探月工程四期任务将重点针对极区水冰探测等科学任务,要求机械臂具备重复采样分析能力,为月球科研站建设打下技术基础。极区探测任务中月球南极特别是永久阴影坑的极低温环境,最低可达 38K，而极区月貌月壤特性未知，永久阴影坑光照条件恶劣。因此，需要突破机械臂极低温驱动传动技术、极弱光照条件下的感知技术等关键技术，以支持月球极区的采样探测。

2021 年 3 月，中国国家航天局和俄罗斯国家航天局签署《中华人民共和国政府和俄罗斯联邦政府关于合作建设国际月球科研站的谅解备忘录》，开展国际合作。2021 年 6 月 16 日，中国国家航天局和俄罗斯国家航天集团公司联合发布《国际月球科研站路线图（V1.0）》。国际上其他航天强国也分别提出了月球基地建设规划。2019 年 1 月，欧洲空间局宣布将建立月球基地；2019 年 3 月，美国国家航空航天局宣布将建立永久性月球基地；2019 年 6 月，俄罗斯航天局邀请中国共同建立月球基地；此外，日本也计划建成自己的月球基地。

月球科研站/月球基地是在月球表面或月球轨道上建设可进行月球自身探索和利用、月基观测、基础科学实验和技术验证等多学科多目标科研活动，长期自主运行的综合性科学实验基地（见图 8-3）。由于现阶段的技术储备有限，月球科研站/月球基地是深化月球资源勘查、实施月球资源利用、拓展地外天体探测能力的重要基础和关键途径，是当前世界各航天大国抢占的空间科技战略制高点，对国家科技发展和国际影响力提升具有不可替代的重大作用。月球科研站建设和运营将面向长期任务，由不同类型的智能机器人满足基地建造、运行、科学试验、资源开发等多阶段、多种类的科学与工程需求。

图 8-3 月球科研站/基地的建造与运营

机械臂在月球科研站/基地的建造与运营任务中，除了上述月球探测所要面临的挑战外，还需要掌握机械臂长期工作的失效机理、多机械臂协同操作原理等，进而开发出高可靠、长寿命的运动部件以及多臂协同任务规划与控制算法。

在 2028 年前后，我国将与美国同期实施火星取样返回任务，进一步推进人类对火星的认知深度，大幅提升国际行星探测能力。但火星探测面临星地通信距离远、时延大、带宽低；任务复杂、非重复且存在能源、天气环境等诸多约束；火星地形地貌等工作环境非结构化且无法完全、精确预知等诸多困难。需要机械臂具备自主目标识别、自主运动规划、自适应力控制和自主健康与能量管理等能力，以支持火星表面采样、封装和样品转移，仪器投放和科学实验等集成作业。

空间机械臂已成为"载人航天与探月工程"、"深空探测工程"及"空间飞行器在轨服务与维护系统"等国家科技重大专项实施的核心装备，任务需求迫切，应用前景广阔。在这千载难逢的重大机遇面前，需要广大科研工作者，共同努力，协同攻关，为提升我国空间机械臂技术的整体水平，为我国航天强国建设乃至全球航天科技发展贡献中国智慧与力量！

参 考 文 献

［1］ 于登云，潘博，孙京. 空间机械臂关节动力学建模与分析的研究进展［J］. 航天器工程，2010，19（2）：1-10.

［2］ 于登云，孙京，马兴瑞. 空间机械臂技术及发展建议［J］. 航天器工程，2007，16（4）：1-7.

［3］ P K Nguyen，R Ravindran，R Carr，D M Gossain，K H Doetsch. Structural Flexibility of the Shuttle Remote Manipulator System Mechanical Arm［C］. Guidance and Control Conference，San Diego，CA，August 9-11，1982，Collection of Technical Papers. （A82-38926 19-18）New York，American Institute of Aeronautics and Astronautics，1982：246-256.

［4］ Nenad Kircanski，Aleksandar Timcenko，Miomir Vukobratovic. Position Control of Robot Manipulators with Elastic Joints Using Force Feedback［J］. Journal of Robotics Systems 7（4），535-554，1990.

［5］ Q H Max Meng，W S Lu. An Adaptive Control Scheme for Robot Manipulators with Flexible Joints ［J］. Proceedings of the 36th Midwest Symposium on Circuits and Systems，16-18 Aug 1993 vol. 1：394-397.

［6］ 牛海清，谢运祥. 无刷直流电动机及其控制技术的发展［J］. 微电机，2002，35（5）：36-38.

［7］ 张琛. 直流无刷电动机原理及应用［M］. 北京：机械工业出版社，1996.

［8］ Christian Sallaberger，Paul Fulford，Cameron Ower，Nadeem Ghafoor，Ryan McCoubrey. Robotic Technologies For Space Exploration at MDA［C］. Proc. of the 8th International Symposium on Artifical Intelligence，Robotics and Automation in Space-iSAIRAS，Munich，Germany，5-8 September 2005.

［9］ Patten Laryssa，Evans Lindsay，Oshinowo Layi，and et al. International Space Station Robotics：A Comparative Study of ERA，JEMRMS and MSS［C］. 7th ESA Workshop on Advanced Space Technologies for Robotics and Automation 'ASTRA 2002'，ESTEC，Noordwijk，The Netherlands，November 19-21，2002.

［10］ G Hirzinger，B Brunner，J Dietrich，J Heindl. Sensor-Based Robotics—ROTEX and its Telerobotic Features［J］. IEEE Transactions on Robotics and Automation，1993，9：649-663.

［11］ 翟光，仇越，梁斌，李成. 在轨捕获技术发展综述［J］. 机器人，2008，30（5）：467-478.

［12］ K Landzettel，A Albu-Schäffer，B Brunner，et al. ROKVIS-Verification of Advanced Light Weight Robotic Joints and Tele-Presence Concepts for Future Space Missions［C］. Proceedings of the 9th ESA Workshop on Advanced Space Technologies for Robotics and Automation，2006.

［13］ M A Diftler，R O Ambrose. Robonaut：A Robotic Astronaut Assistant［C］. Proceeding of the 6th International Symposium on Artificial Intelligence and Robotics & Automation in Space，2001.

［14］ Blake Hannaford，Antal Bejczy，Pietro Buttolo，Manuel Moreyra，Steven Venema. Mini-Teleoperation Technology for Space Research［C］. Proceedings of MIMR-95，Sendai Japan，September 1995.

［15］　P K Nguyen，R Ravindran，R Carr，D M Gossain，K H Doetsch. Structural Flexibility of the Shuttle Remote Manipulator System Mechanical Arm ［C］. Guidance and Control Conference，San Diego，CA，August 9 - 11，1982，Collection of Technical Papers. New York，American Institute of Aeronautics and Astronautics，1982：246 - 256.

［16］　J A Hunter，T H Ussher，D M Gossain. Structural Dynamic Design Considerations of the Shuttle Remote Manipulator System ［C］. AIAA - 82 - 0726，Structures，Structural Dynamics and Materials Conference，23rd，New Orleans，LA，May 10 - 12，1982：499 - 505.

［17］　K J van Brink，C Carstens. Gearbox for Space Robots ［C］. Proceedings of 6th European Space Mechanisms & Tribology Symposium，Technopark，Zürich，Switzerland，4 - 6 October 1995：213 - 220.

［18］　Klaus Priesett. Experiences in the Development of Rotary Joints for Robotic Manipulators in Space Applications ［J］. N92 - 25073.

［19］　G Hirzinger，K Landzettel，B Brunner，and et al. DLR's Robotics Lab - Recent Development in Space Robotics ［C］. Proc. Fifth International Symposium on Artificial Intelligence，Robotics and Automation in Space，1 - 3 June 1999.

［20］　John T Chladek，William M Craver. Space Fight Manipulator Technologies and Requirements for the NASA Flight Telerobotic Servicer（FTS）［J］. AIAA - 94 - 1191 - CP.

［21］　Marcello Romano，Brij N Agrawal，Franco Bernelli - Zazzera. Experiments on Command Shaping Control of a Manipulator with Flexible Links ［J］. Journal of Guidance，Control，and Dynamics，Vol. 25，No. 2，March - April 2002.

［22］　David L Akin，Brian Roberts，Stephen Roderick，et al. MORPHbots：Lightweight Modular Self - Reconfigurable Robotics for Space Assembly，Inspection，and Servicing ［C］. AIAA 2006 - 7408，AIAA Space 2006 Conference and Exhibit，San Jose，California，Sep. 19 - 21，2006.

［23］　A Rusconi，PG Magnani，T Grasso，G Rossi，J F Gonzalez Lodoso，G Magnani. DEXARM—a Dextrous Robot Arm for Space Applications ［C］. Proceedings of the 8th ESA Workshop on Advanced Space Technologies for Robotics and Automation，'ASTRA 2004' ESTEC，Noordwijk，The Netherlands，November 2 - 4，2004.

［24］　K Abdel - Malek，and B Paul. Criteria for the Design of Manipulator Arms for a High Stiffness to Weight Ratio ［J］. SME Journal of Manufacturing Systems，Vol. 17，No. 3，1998：209 - 220.

［25］　H Nahvi，H Ahmadi. Dynamic Simulation and Nonlinear Vibrations of Flexible Robot Arms ［J］. Pakistan Journal of Applied Sciences 3（7），2003：510 - 523.

［26］　J Chan，V Modi. Dynamics and Control of an Orbiting Flexible Mobile Manipulator ［C］. AlAA 90 - 0749，28th Aerospace Sciences Meeting，Reno，Nevada，January 8 - 11，1990.

［27］　M W Spong. Modeling and Control of Elastic Joint Robots ［J］. Journal of Dynamic Systems，Measurement，and Control，December 1987，Vol. 109：310 - 319.

［28］　M H Korayem，A Nikoobin. Maximum Payload for Flexible Joint Manipulators in Point - to - Point Task Using Optimal Control Approach ［J］. Int J Adv Manuf Technol，2007.

［29］　Fathi Ghorbel，John Y Hung，Mark W Spong. Adaptive Control of Flexible - Joint Manipulators ［C］. IEEE International Conference on Robotics and Automation，Scottsdale，Arizona，May 15 - 19，1989.

［30］ 潘博，孙京，于登云．柔性关节空间机械臂动力学建模与控制律设计［C］．第三届中国导航、制导与控制学术会议，2009.

［31］ Mohamed Zribi, Shaheen Ahmad. Lyapunov Based Control of Multiple Flexible Joint Robots in Cooperative Motion［R］．Electrical and Computer Engineering Technical Reports，Purdue University，1993.

［32］ Mohsen BAHRAMI, Abbas RAHI. Tip Dynamic Response of Elastic Joint Manipulators Subjected to a Stochastic Base Excitation［J］．JSME International Journal，Series C，Vol. 46，No. 4，2003.

［33］ Mansour A Karkoub, Kumar Tamma. Modeling and μ – synthesis robust control of two – link flexible manipulators［C］．5th IEEE Mediterranean Conference on Control and Systems，Paphos，Cyprus，1997.

［34］ A Al – shyyab, A Kahraman. A Non – linear Dynamic Model for Planetary Gear Sets［C］．Proc. IMechE Vol. 221 Part K：J. Multi – body Dynamics，2007.

［35］ R Hbaieb, F Chaari, T Fakhfakh, M Haddar. Dynamic Stability of a Planetary Gear Train Under the Influence of Variable Meshing Stiffnesses［C］．Proceedings of the Institution of Mechanical Engineers，Dec 2006，vol. 220，Part D：1711 – 1725.

［36］ 王世宇．基于相位调谐的直齿行星齿轮传动动力学理论与试验研究［D］．天津：天津大学，2005.

［37］ 张建云，丘大谋．一种求解直齿圆柱齿轮啮合刚度的方法［J］．西安建筑科技大学学报.1996，28（2）：134 – 137.

［38］ 孙智民，季林红，沈允文．2K – H 行星齿轮传动非线性动力学［J］．清华大学学报（自然科学版），2003，43（5），636 – 639.

［39］ Shengxiang Jia, Ian Howard, and Jiande Wang. The Dynamic Modeling of Multiple Pairs of Spur Gears in Mesh，Including Friction and Geometrical Errors［J］．International Journal of Rotating Machinery，9，2003：437 – 442.

［40］ 张策．机械动力学［M］．北京：高等教育出版社，2008.

［41］ C W Kennedy, J P Desai. Estimation and Modeling of the Harmonic Drive Transmission in the Mitsubishi PA – 10 Robot Arm［C］．Proc. IEEE/RSJ Int. Conf. Intelligent Robots and Systems，2003.

［42］ Samuel Schuler, Valentin Kaufmann, Patrick Houghton, Gerhard S Székely. Design and Development of a Joint for the Dextrous Robot Arm［C］．Proceedings of the 9th ESA Workshop on Advanced Space Technologies for Robotics and Automation，′ASTRA 2006′ ESTEC，Noordwijk，The Netherlands，November 28 – 30，2006.

［43］ 孙京．空间驱动机构系统设计方法与应用研究［D］．北京：中国空间技术研究院，2008.

［44］ 刘延柱，陈立群．非线性振动［M］．北京：高等教育出版社，2001：23 – 24.

［45］ 秦宇辉．谐波齿轮传动系统非线性动力学特性的理论与试验研究［D］．北京工商大学，2004.

［46］ Fathi H Ghorbel, Prasanna S Gandhi, Friedhelm Alpeter. On the Kinematic Error in Harmonic Drive Gears［J］．Journal of Mechanical Design，2001，123：90 – 97.

［47］ GB/T 10095.1—2008 圆柱齿轮 精度制 第 1 部分：轮齿同侧齿面偏差的定义和允许值［S］.

［48］ Javier Moreno – Valenzuela. Experimental Comparison of Saturated Velocity Controllers for DC Motors［J］．Journal of ELECTRICAL ENGINEERING，2008，59（5）：254 – 259.

[49] 苏玉鑫，郑春红，Peter C. Müller. 非线性机械系统 PID 控制渐近稳定性分析 [J]. 自动化学报，2008，34 (12)：1544 – 1548.

[50] W E Dixon，M S de Queiroz，F Zhang，D M Dawson. Tracking Control of Robot Manipulators with Bounded Torque Inputs [J]. Robotica，1999，17：121 – 129.

[51] E Zergeroglu，W Dixon，A Behal，D Dawson. Adaptive Set – point Control of Robotic Manipulators with Amplitude – limited Control Inputs [J]. Robotica，2000，18：171 – 181.

[52] Javier Moreno – Valenzuela，Víctor Santibáñez，Ricardo Campa. On Output Feedback Tracking Control of Robot Manipulators with Bounded Torque Input [J]. International Journal of Control，Automation，and Systems，2008，6 (1)：76 – 85.

[53] Stig Moberg. On Modeling and Control of Flexible Manipulators [D]. Sweden：Linköping University，2007.

[54] 张晓东，贾庄轩，孙汉旭，诸明. 空间机器人柔性关节轨迹控制研究 [J]. 宇航学报，2008，29 (6)：1865 – 1869.

[55] 黄文虎，邵成勋. 多柔体系统动力学 [M]. 北京，中国科学出版社，1996.

[56] 陆佑方. 柔性多体系统动力学 [M]. 北京：高等教育出版社，1993.

[57] 洪嘉振. 计算多体系统动力学 [M]. 北京：高等教育出版社，1999.

[58] 阎绍泽，刘冰清，刘又午. 柔性多体系统动力学——有限段法 [J]. 河北工业大学学报，1997：26 (3)：174 – 180

[59] 洪嘉振，尤超蓝. 刚柔耦合系统动力学研究进展 [J]. 动力学与控制学报，2004，2 (2)：1 – 6.

[60] 洪嘉振，刘铸永. 刚柔耦合动力学的建模方法 [J]. 上海交通大学学报，2008，42 (11)：1921 – 1926.

[61] 宋轶民，余跃庆，等. 柔性机器人动力学分析与振动控制研究综述 [J]. 机械设计，2003，20 (4)：1 – 5.

[62] 张晓东. 空间柔性机械臂控制策略研究 [D]. 北京：北京邮电大学，2008.

[63] 王龙宝. 齿轮刚度计算及其有限元分析 [D]. 镇江：江苏大学，2007.

[64] Wu E C，Hwang J C，Chladek J T. Fault – tolerant Joint Development for the Space Shuttle Remote Manipulator System：Analysis and Experiment，IEEE – 1042 – 296X [C] // Robotics and Automation. Washington D. C，IEEE，1993：675 – 684

[65] 潘博，于登云，孙京. 大型空间机械臂关节动力学建模与分析研究 [J]. 宇航学报，2010，31 (11)：2448 – 2455

[66] 潘博. 空间机械臂关节动力学分析研究 [D]. 北京：中国空间技术研究院，2010.

[67] 危清清. 大型空间柔性机械臂动力学与控制研究 [D]. 北京：中国空间技术研究院，2014.

[68] 郑永煌. 空间交会对接技术 [J]. 自然杂志，2011，33 (6)：311 – 314.

[69] 林来兴. 四十年空间交会对接技术的发展 [J]. 航天器工程，2007，16 (4)：70 – 77.

[70] 孙鹏. 空间飞行器对接机构分离的动力学仿真研究 [D]. 南京：南京航空航天大学，2009.

[71] 孙乐丰，王为. 机械臂转位舱段过程的多学科集成仿真 [J]. 航天器工程，2017，26 (5)：126 – 134.

[72] Gibbs Graham，Sachdev Savi，Marcotte Benoit，et al. Canada and the International Space Station program overview and status [C]. Montreal，Canada；Canadian Space Agency，54th International Astronautical Federation (IAF)，Bremen，Germany，Sep. 29 – Oct. 3，2003.

[73] Scott B Nokleby. Singularity analysis of the Canadarm2 [J]. Mechanis and Machine Theory, 42 (4), 2007: 442 - 454.

[74] Matsueda Tatsuo, Kuwao Fumihiro, Motohasi Shoichi, Okamura Ryo. Development of Japanese Experiment Module Remote Manipulator System [R]. NASA Report. Oct 1, 1994.

[75] Heemskerk C J M, Schoonejans P H M. Overview of Software Engineering Applications in the European Robotic Arm [C]. Proceedings of the Conference, Noordwijk, Netherlands, ESA. May 26 - 29, 1997, 317 - 322.

[76] Kuwao Fumihiro, Motohashi Shoichi, Hayashi Masato. Dynamic Characteristics of JEMRMS [C]. Japan, Omiya. 1998.

[77] K J Van Brubjm, C Carstebs. Gearbox for Space Robots [C]. Proceeding of 6th European Space Mechanism & Tribology Symposium, Technopark, 1995.

[78] P Th L M van Woerkom, A K Misra. Robotic Manipulators in Space: A Dynamics and Control Perspective, [J]. Acta Astronautica. 1996, 38 (4): 411 - 421.

[79] Boyse J W. Interference detection among solids and surfaces, Communications of the ACM, Vol. 22, No. 1, pp. 3 - 9, 1979.

[80] Garcia - Alonso A, Serrano N, Flaquer J. Solving the Collision Detection Problem, Computer Graphics and Applications, IEEE, Vol. 14, No. 3, pp. 36 - 43, 1994.

[81] Hayward V, Aubry S, and Foisy A, Collision Prediction Among Moving Objects, McRCIM Technical Report, McGill University, Montreal, 1991.

[82] Faverjon B and Tournassound. A Local Based Approach for Path Planning of Manipulators with A High Number of Degrees of Freedom, Proc. of IEEE Int. Conf. on Robotics and Auto. , pp. 1152 - 1159, 1987.

[83] Buchal R O, Cherchas D B, Sassani F, and Duncan J P, Simulated off - line programming of welding robots, Int. J. of Robotics Res. , Vol. 8, No. 3, pp. 31 - 43, 1989.

[84] Gilbert E G, Johnson D W, and Keerthi S S, A Fast Procedure for Computing the Distance Between Complex Objects in Three - Dimensional Space, IEEE J. of Robotics and Auto. , Vol. 4, No. 2, pp. 193 - 203, 1988.

[85] Gilbert E G and Foo C P, Computing the Distance Between General Convex Objects in Three - Dimensional Space, IEEE Trans. on Robotics and Auto. , Vol. 6, pp. 53 - 61, 1990.

[86] Bobrow J E, A direct Minimization Approach for Obtaining the Distance Between Convex Polyhedra, The Int. J. of Robotics Res. , Vol. 8, No. 8, pp. 65 - 76, 1989.

[87] Liu C Y and Mayne R W. Distance Calculations in Motion Planning Problems with Interference Situations, Proc. of 1990 ASME Design Tech. Conf. — 16th Design Auto. Conf. , Chicago, Illinois, pp. 145 - 152, Sept. , 1990.

[88] Zeghloul S, Rambeaud P, and Lallemand J P, On Fast Computation of Minimum Distance Between Convex Polyhedrons: Application to Collision Detection in a Robotic Simulation System, Proc. of ASME Computers in Eng. Conf. , Vol. 2, pp. 245 - 432, 1991.

[89] Gill P, Murray W and Wright M H. Practical Optimization, Academic Press, 1981.

[90] Goldfarb D and Idnani A. A Numerically Stable Dual Method for Solving Strictly Convex Quadratic Programs, Mathematical Programming, Vol. 27, pp. 1 - 33, 1983.

[91] Jarre F, On the Convergence of the Method of Analytic Centers When Applied to Convex Quadratic Programs, Mathematical Programming, Vol. 49, pp. 341 – 358, 1991.

[92] Reklaitis G V, Ravindran A and Ragsdell K M. Engineering Optimization: Methods and Applications, John Wiley and Sons, New York, 1983.

[93] Schittkowski, K. NLPQL: a Fortran Subroutine Solving Constrained Nonlinear Programming Problems, Annals of Operations Research, Vol. 5, pp. 485 – 500, 1985.

[94] Chen C, Kong W C and Cha J Z. An Equality Constrained RQP Algorithm Based on the Augmented Lagrangian Penalty Function, ASME J. of Mechanisms, Trans. , and Auto. in Design, Vol. 111, pp. 368 – 375, 1989.

[95] Gonthier Y. Contact Dynamics Modelling for Robotic Task Simulation, Doctoral Thesis, University of Waterloo, Waterloo, Ontario, Canada, 2007.

[96] Tsai L W and Morgan A P. Solving the Kinematics of the Most General Six – and Five – Degree – of – Freedom Manipulators by Continuation Methods, ASME J. of Mechanisms, Trans. , and Auto. in Design, Vol. 107, pp. 189 – 200, 1985.

[97] Guangji Qu, Dengyun Yu, Xin Zeng, Ning Wang. Space Docking Dynamics Analyses and Simulation of Spacecraft [C] . IAF the 47th Congress, Beijing, China. IAF – 96 – A. 7. 03.

[98] Gates R M, Williams J E. Analyses of the Dynamic Docking Test System for Advanced Mission Docking System Test Programs, NASA – 19740025662 [R] . Washington D. C. : NASA, 1974.

[99] Mount G O Jr, Mikhalkin B. Six Degree of Freedom FORTRAN Program, ASTP docking dynamics, users guide, NASA – 19750008539 [R] . Washington D. C. : NASA, 1975.

[100] Polites M E. An Assessment of the Technology of Automated Rendezvous and Capture in Space, NASA TP – 1998 – 208528 [R] . Washington D. C. : NASA, 1998.

[101] Eric Illi. Space Station Freedom Common Berthing Mechanism NASA – 92 N25086 [R] NASA Report Washington D. C. : NASA, 1992.

[102] Quiocho Leslie J, Briscoe Timothy J, Schliesing John A, Braman Julia M. SRMS Assisted Docking and Undocking for the Orbiter Repair Maneuver [R] NASA Report. August 15, 2005.

[103] Quiocho Leslie J, Crues Edwin Z, Huynh An, Nguyen Hung T, MacLean John. Integrated Simulation Design Challenges to Support TPS Repair Operations [R] NASA Report. August 15, 2005.

[104] Fricke Robert W Jr. STS – 74 Space Shuttle Mission Report. [R] NASA Report. Feb. 1996.

[105] 谭民, 徐德, 侯增广, 王硕, 曹志强. 先进机器人控制 [M] . 北京: 高等教育出版社, 2007.

[106] 蔡自兴. 机器人学 [M] . 北京: 清华大学出版社, 2000.

[107] Mason M. Compliance and Force Control for Computer Controlled Manipulators [D] . Massachusetts: MIT, 1978.

[108] Sim T, Marcelo H, LimK. A Compliant End – effector Coupling for Vertical Assembly [J] Design and Evaluation. Robotics & Computer Integrated Manufacturing, 1997, 13 (1): 21 – 30.

[109] Xu Yangsheng, Paul R P. Robotic Instrumented Complaint Wrist [J] . Journal of Engineering for Industry, 1992, 114 (1): 120 – 12.

[110] 邵忍平, 沈允文, 孙进才. 齿轮减速器系统可变固有特性动力学研究 [J]. 航空学报, 2001, 22 (1): 65 – 68.

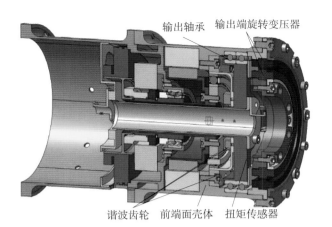

图 1-30　DEXARM 原型机关节实体模型　(P18)

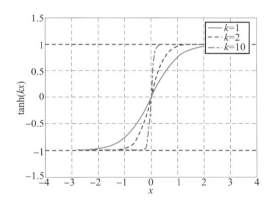

图 3-8　不同自变量系数下的双曲正切函数曲线　(P45)

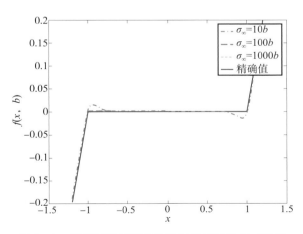

图 3-9　连续间隙函数与分段间隙函数对比　(P45)

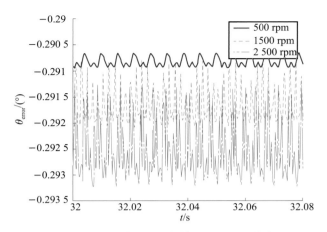

图 3 - 25　不同输入转速下动态传动误差时程曲线 （P59）

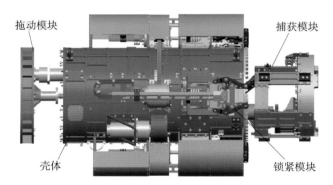

图 5 - 1　末端执行器示意图 （P105）

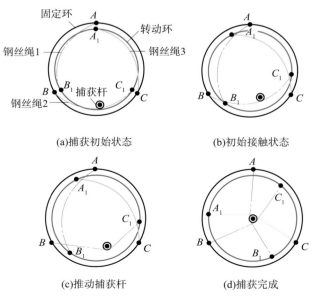

图 5 - 13　钢丝绳捕获过程 （P116）

图 5-14　软捕获初始时刻有限元模型与试验对比（P116）

图 5-15　软捕获过程中有限元模型与试验对比（P117）

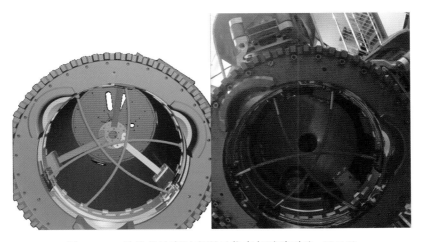

图 5-16　软捕获结束时有限元仿真与试验对比（P117）

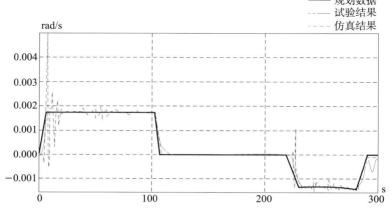

图 7 - 4　爬行工况关节 3 角速度仿真和试验结果对比（P163）

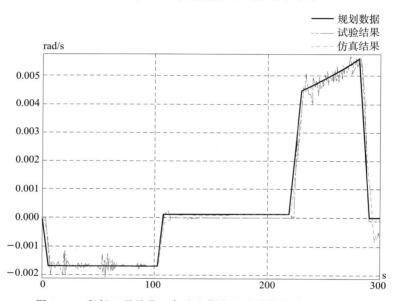

图 7 - 5　爬行工况关节 4 角速度仿真和试验结果对比（P164）

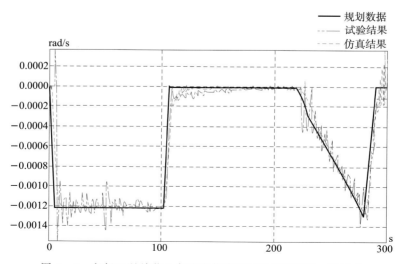

图 7 - 6　爬行工况关节 5 角速度仿真和试验结果对比（P164）

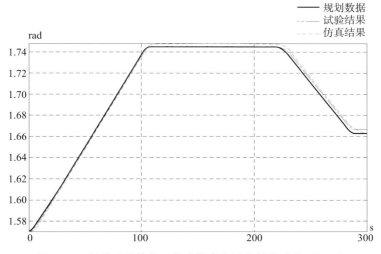

图 7 - 7　爬行工况关节 3 角度仿真和试验结果对比（P165）

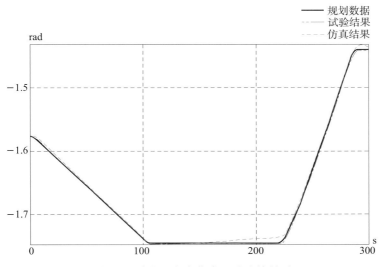

图 7 - 8　爬行工况关节 4 角度仿真和试验结果对比（P165）

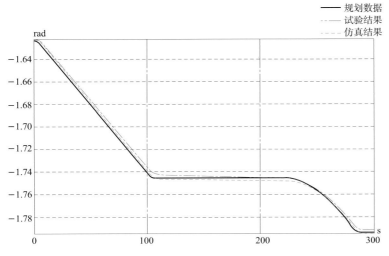

图 7 - 9　爬行工况关节 5 角度仿真和试验结果对比（P166）

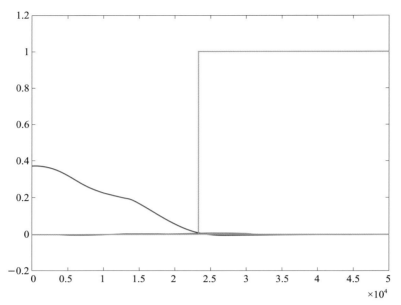

蓝色：X位置；红色：Z位置；紫色：Y方向姿态；绿色：跟踪到位标志曲线

图 7-12　视觉跟踪过程中目标相对末端位姿与跟踪到位标志曲线 （P168）

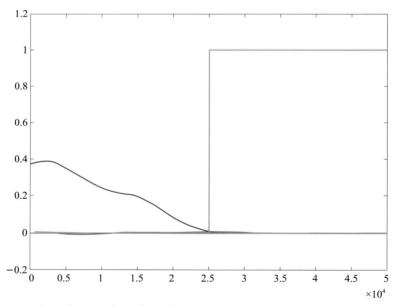

蓝色：X位置；红色：Z位置；紫色：Y方向姿态；绿色：跟踪到位标志曲线

图 7-13　视觉跟踪过程中目标相对末端位姿与跟踪到位标志曲线 （P168）

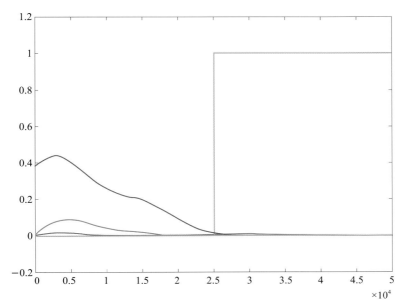

蓝色：*X*位置；红色：*Z*位置；紫色：*Y*方向姿态；绿色：跟踪到位标志曲线

图 7 - 14　视觉跟踪过程中目标相对末端位姿与跟踪到位标志曲线（P169）

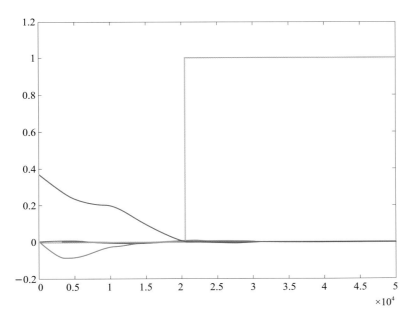

蓝色：*X*位置；红色：*Z*位置；紫色：*Y*方向姿态；绿色：跟踪到位标志曲线

图 7 - 15　视觉跟踪过程中目标相对末端位姿与跟踪到位标志曲线（P169）

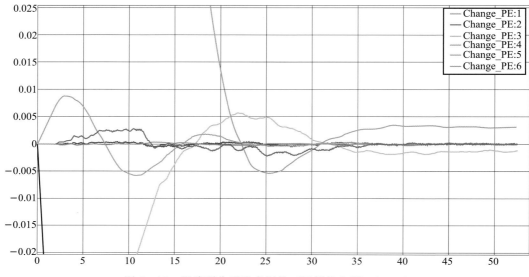

图 7 - 16　跟踪到位后稳态误差（局部放大版）（P170）

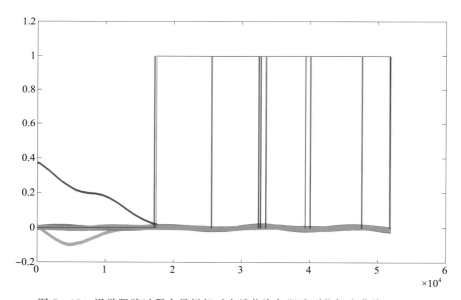

图 7 - 17　视觉跟踪过程中目标相对末端位姿与跟踪到位标志曲线（P170）